"十三五"普通高等教育本科系列教材

电 路（上册）

DIANLU

主　编　王培峰

副主编　段辉娟　朱玉冉

编　写　周芬萍　孟　尚

U0246664

中国电力出版社
CHINA ELECTRIC POWER PRESS

内 容 提 要

本书为"十三五"普通高等教育本科规划教材,是根据教育部新颁布的电路理论基础课程和电路分析基础课程的教学基本要求,并结合目前教学实际编写的。全书共分 6 章,主要内容包括电路模型和电路基本定律、电阻电路的等效变换、线性电阻电路的一般分析、电路定理、相量法和正弦稳态电路及其分析。每章设有"教学要求及目标""基本概念""引入"等环节,注意与以前理论知识的衔接,循序渐进,章末配有典型的习题,供学生巩固所学知识。为了便于教学与自学,本书配有免费电子课件,读者可通过扫描封面二维码获取。

本书可作为高等院校电气类、电子信息类及自动化类专业"电路"课程教材,也可作为高等职业院校及成人函授相关专业教材,还可供相关工程技术人员参考。

图书在版编目(CIP)数据

电路. 上册/王培峰主编. —2 版. —北京:中国电力出版社,2019.2(2023.2 重印)
"十三五"普通高等教育本科规划教材
ISBN 978 - 7 - 5198 - 1650 - 6

Ⅰ. ①电… Ⅱ. ①王… Ⅲ. ①电路—高等学校—教材 Ⅳ. ①TM13

中国版本图书馆 CIP 数据核字(2019)第 030910 号

出版发行:中国电力出版社
地 址:北京市东城区北京站西街 19 号(邮政编码 100005)
网 址:http://www.cepp.sgcc.com.cn
责任编辑:罗晓莉(010-63412547)
责任校对:黄 蓓 朱丽芳
装帧设计:赵姗姗
责任印制:吴 迪

印 刷:北京天泽润科贸有限公司
版 次:2015 年 2 月第一版 2019 年 2 月第二版
印 次:2023 年 2 月北京第九次印刷
开 本:787 毫米×1092 毫米 16 开本
印 张:11.75
字 数:286 千字
定 价:38.00 元

电类基础课教材编写小组

序

电工、电子技术为计算机、电子、通信、电气、自动化、测控等众多应用技术的理论基础，同时涉及机械、材料、化工、环境工程、生物工程等众多相关学科。对于这样一个庞大的体系，不可能在学校将所有的知识都教给学生。以应用技术型本科学生为主体的大学教育，必须对学科体系进行必要的梳理。本系列教材就是试图搭建一个电类基础知识体系平台。

2013 年 1 月，教育部为加快发展现代职业教育，建设现代职业教育体系，部署了应用技术大学改革试点战略研究项目，成立了"应用技术大学（学院）联盟"，其目的是探索"产学研一体、教学做合一"的应用型人才培养模式，促进地方本科高校转型发展。河北科技大学作为河北省首批加入"应用技术大学（学院）联盟"的高校，对电类基础课进行了试点改革，并根据教育部高等学校教学指导委员会制定的"专业规划和基本要求、学科发展和人才培养目标"，编写了本套教材。本套教材特色如下：

（1）教材的编写以教育部高等学校教学指导委员会制定的"专业规划和基本要求"为依据，以培养服务于地方经济的应用型人才为目标，系统整合教学改革成果，使教材体系趋于完善，教材结构完整，内容准确，理论阐述严谨。

（2）教材的知识体系和内容结构具有较强的逻辑性，利于培养学生的科学思维能力；根据教学内容、学时、教学大纲的要求，优化知识结构，既加强理论基础，也强化实践内容；理论阐述、实验内容和习题的选取都紧密联系实际，培养学生分析问题和解决问题的能力。

（3）课程体系整体设计，各课程知识点合理划分，前后衔接，避免各课程内容之间交叉重复，使学生能够在规定的课时数内，掌握必要的知识和技术。

（4）以主教材为核心，配套学习指导、实验指导书、多媒体课件，提供全面的教学解决方案，实现多角度、多层面的人才培养模式。

本套教材由王培峰任编写组组长，主要包括电路（上、下册，王培峰主编）、模拟电子技术基础（张凤凌主编）、数字电子技术基础（高观望主编）、电路与电子技术基础（马献果等编），电路学习指导书（上册，朱玉冉主编；下册，孟尚主编）、模拟电子技术学习指导书（张会莉主编）、数字电子技术课程学习辅导（任文霞主编）、电路与电子技术学习指导书（马献果等编）、电路实验教程（李翠英主编）、电子技术实验与课程设计（安兵菊主编）、电工与电子技术实验教程（刘红伟主编）等。

提高教学质量，深化教学改革，始终是高等学校的工作重点，需要所有关心高等教育事业人士的热心支持。为此谨向所有参与本系列教材建设的同仁致以衷心的感谢！

本套教材可能会存在一些不当之处，欢迎广大读者提出批评和建议，以促进教材的进一步完善。

电类基础课教材编写小组
2014 年 10 月

前　言

为了适应教育教学改革的发展，培养高素质的人才，根据"十三五"普通高等教育本科规划建设的要求，编写了本书。

"电路"课程是电类各专业学生接触的第一门专业基础课。作为入门课程，应该使学生掌握进行科学研究最基本、最一般的方法。通过本课程的学习，学生不仅要掌握电路的基本理论，学会对电路进行分析计算，更重要的是提高分析问题、解决问题的能力。为此，本书在以下几个方面做了努力：

（1）注重经典电路理论和近代电路理论的发展，注意保持电类专业的特色。随着教学改革的深入，"电路"课程的教学学时总体下降。因此，删繁就简是电路课程教学的发展趋势。在保持经典电路理论体系的同时，要求部分内容的解算过程从简，突出重点、明确思路。

（2）突出应用。电路分析理论课程不仅理论严谨，而且具有广泛的实用性和工程应用性，所以，本书在重点章节设计了应用实例来讲述理论在实际中的应用，从而使学生了解电路分析理论是如何与实际应用紧密相连的。

（3）为了便于学生更好地学习和把握"电路"课程的主要内容和重点，每一章均附有本章的"教学要求及目标"；在大部分节设置"基本概念"和"引入"模块，便于学生更好、更快地学习本课程。

（4）为使学生深入掌握所学理论知识，提高学生科学的思维能力和分析计算能力，本书设置了丰富的例题，部分例题给出多种解法，并且每章附有习题，以提高学生分析和解决实际问题的能力。

（5）为适应教学改革和目前课堂教学学时压缩的需要，本书在编写时，对电路分析的基本内容均给予系统和详细的讲解，既注重内容全面，又注意全书结构简单。在使用本书过程中，可以根据各个专业的不同需要，适当删减章节，加"＊"内容是扩展内容，可根据教学实际酌情选讲。

本书建议授课学时为 56 学时，实验参考学时约为 16 学时。具体学时安排可依照各学校具体情况自主灵活地制订教学计划。

为配合本书教学，另外编写有《电路学习指导书》，可作为本书的教学和学习参考书。

本书由王培峰担任主编，段辉娟、朱玉冉担任副主编，参加编写的还有周芬萍、孟尚。具体编写分工如下：王培峰编写第 1、2 章，段辉娟编写第 3 章，朱玉冉编写第 6 章，周芬萍编写第 5 章，孟尚编写第 4 章。全书由王培峰负责编写提纲和统稿。

本书由赵玲玲精心审阅，并提出了宝贵意见，在此谨致以衷心的谢意。

编者在编写本书时，查阅和参考了众多文献资料，获得了许多教益和启发，也得到了许多老师的帮助，在此一并表示感谢。

由于编者水平有限，书中若存在疏漏和不妥之处，恳请读者提出宝贵意见，以便修改。

编　者

2018 年 3 月

目　　录

0　绪　　论

0.1　电路理论的历史与发展概况

电路理论作为一门独立的学科已有 200 多年。在这纷纭变化的 200 多年里，电路理论从用莱顿瓶和变阻器描述问题的原始概念和分析方法，逐渐演变成为一门抽象化的基础理论学科。它不仅成为整个电气科学技术中不可缺少的理论基础，而且在开拓和发展新的电气理论和技术方面起着重要的作用。

电路理论是一个极其美妙的领域，在这一领域内，数学、物理学、信息工程、电气工程与自动化等学科找到了一个和谐的结合点，其深厚的理论基础和广泛的实际应用使其具有旺盛持久的生命力。因而，对于许多相关的学科来说，电路理论是一门非常重要的基础理论课。

1. "电路" 的诞生与初期发展

电，这个词来源于古希腊语 "琥珀（elektron）"，琥珀是一种树脂化石。大约在公元前 600 年，古希腊人第一次产生了电场，其方法是用一块丝绸或毛皮与琥珀棒摩擦。后来，科学家指出，其他一些材料（如玻璃、橡胶等）也具有类似琥珀的特性。人们注意到，有一些带电的材料被带电的玻璃片所吸引，而另一些却被排斥，这说明存在两种不同的电。本杰明·富兰克林称这两种电（或电荷）为正电和负电（或正电荷和负电荷）。法国科学家查利·奥古斯丁·库仑和英国科学家卡文迪什在 18 世纪研究了这种靠摩擦产生的静电，发现了这种电所遵循的规律，称为库仑定律。1800 年，意大利物理学家伏特发现：当把两个不同的电极（如锌和铜）浸入电解液中，就会产生电位差，这就是电池的原理。后人采用伏特作为电压的单位，以纪念这位杰出的科学家。1820 年，奥斯特发现，罗盘指针在载流导体旁会发生偏转，于是他断定：电荷的流动产生了磁。这一发现揭开了电学理论的新的一页。1825 年，安培提出了描述电流与磁之间关系的安培定律，同时毕奥和沙伐尔也用实验表明了电流与磁场强度的关系。后人为纪念安培，取其名作为电流的单位。1827 年，德国物理学家欧姆在他的论文《用数学研究电路》中创立了欧姆定律。1831 年，英国科学家法拉第经十年致力于互感的研究，终于成功地证明：如果贯穿线圈的磁链随时间发生变化，则将在线圈中感应出电流。这个结论被称为法拉第电磁感应定律。同时他还发现，电路中感应电动势的特性决定于与电路交链的磁通的大小及变化率。在电磁现象的理论与实用问题的研究上，德国物理学家海因里希·楞次做出了巨大的贡献。1833 年，他建立了确定感应电流方向的定则（楞次定律）后，开始致力于电机理论的研究，并提出了电机可逆性原理。1844 年，楞次与英国物理学家焦耳分别独立地确定了电流热效应定律（焦耳—楞次定律）。1834 年，与楞次一道从事电磁现象研究工作的德国发明家雅可比制造出世界上第一台电动机。然而，真正使电机工程得以飞跃发展的是三相系统的创始者俄罗斯工程师多里沃·多勃罗沃尔斯基，他不仅发明和制造了三相异步电动机和三相变压器，而且首先采用了三相输电线。法拉第发现电磁感应现象后，就用 "场" 的一些初步但极为重要的概念来解释他的发现，但令人遗憾的是，由于法拉第不精通数学，因此未能从他的发现中进一步去建立电磁场理论，但自此电与磁的研究分别在"路"与"场"这两大密切相关的阵地上展开。

电磁场科学理论体系的创立要归功于伟大的物理学家、数学家麦克斯韦。1864 年，麦克斯韦集前人之大成，创立了麦克斯韦方程组，以严格的数学形式描述了电与磁的内在联系，同时还发表了存在电磁波的伟大预言。他的理论和预言在 1887 年被赫兹用实验证明，从而开创了无线电及电子科学的新纪元。

德国物理学家基尔霍夫为电路理论奠定了基础。1847 年，刚满 23 岁的大学生基尔霍夫发表了划时代论文——《关于研究电流线性分布所得到的方程的解》，文中提出了分析电路的第一定律（电流定律 KCL）和第二定律（电压定律 KVL），同时还确定了网孔回路分析法的原理。从电路理论发展进程及其所包含的内容来看，人们常把欧姆（1827 年）和基尔霍夫（1847 年）的贡献作为这门学科的起点。

从这个起点至 20 世纪 50 年代这一段时期被称为"经典电路理论发展阶段"；从 20 世纪 60 年代至 70 年代这一段时期，称为"近代电路理论发展阶段"；20 世纪 70 年代以后的时期被称为"电路与系统理论发展阶段"。

2. 经典电路理论发展阶段

经典电路理论发展阶段历经约 100 年，在这 100 年中，除了前面提到的欧姆和基尔霍夫的贡献之外，重要的成果还有：1832 年，亨利发现了自感现象；1843 年，惠斯通发明了惠斯通电桥；1853 年，亥姆霍兹首先使用等效电源定理分析电路，但这个定理直到 1883 年才由戴维南正式提出并发表，因此后人称其为戴维南定理；1873 年，麦克斯韦在他的巨著 *Treatise on Electricity and Magnetism*（这是电气科学技术史上的第一部专著）中确立了节点分析法原理；1894 年，斯坦梅茨将复数理论应用于电路计算；1899 年，肯内利解决了 Y-△ 变换；1904 年，拉塞尔提出了对偶原理；1911 年，海维赛德提出了阻抗概念，从而建立起正弦稳态交流电路的分析方法；1918 年，福特斯库提出了三相对称分量法，同年巴尔的摩提出了电气滤波器概念；1920 年，瓦格纳发明了实际的滤波器，同年坎贝尔提出了理想变压器概念；1921 年，布里辛格提出了四端网络及黑箱概念；1924 年，福斯特提出了电抗定理；1926 年，卡夫穆勒提出了瞬态响应概念；1933 年，诺顿提出了戴维南定理的对偶形式——诺顿定理；1948 年，特勒根提出了回转器理论，回转器于 1964 年由施诺依用晶体管首次实现；特勒根还于 1952 年确立了电路理论中除了 KCL 和 KVL 之外的另一个基本定理——特勒根定理。以上这些重要的成果基本组成了经典电路理论的实体。

20 世纪 30 年代以后，还有不少人在电路学科的发展过程中做出重大贡献，特别是吉耶曼和考尔等。他们在 20 世纪 30 年代的著作对建立电路理论这门独立的学科起着奠基的作用，在 20 世纪 40 年代和 50 年代的著作被认为是这门学科发展史上的重要里程碑。1953 年，麻省理工学院的吉耶曼教授发表了其重要著作 *Introductory Circuit Theory*，书中引入网络图论的基本原理来系统列写电路分析方程，对电路进行时域和频域分析，着重强调时间响应、自然频率、阻抗函数特性和零点、极点的概念及网络综合理论等。全书虽然主要限于对线性、时不变、双向和无源元件及其所构成的集中参数电路进行论述，但这正反映了经典电路理论阶段的主体内容。因此可以说，吉耶曼的著作是对 20 世纪 50 年代之前电路理论发展中较为成熟的主流方面所做的一个很好的总结和概括。

3. 近代电路理论发展阶段

第二次世界大战后，电力系统、通信系统和控制系统的研究及应用都取得了巨大的进展，尤其是后两者的进展更为迅速。控制技术和通信技术从实际应用逐步上升为新的理论体系——"控制论"和"信息论"。与此同时，半导体电子学和微电子学、数字计算机、激光技术及核科学和航天技术等新兴尖端技术也以惊人的速度发展，使得在整个电气工程领域从20世纪50年代末期开始了"电子革命"和"计算机革命"。所有这些促使电路理论从20世纪60年代起不得不在内容和概念上进行不断的调整和革新，以适应科学技术"爆炸"的新时代，于是就形成了近代电路理论。这一阶段大致具有如下特征：

（1）在时域分析方面，引用了施瓦兹《分布理论》著作中的成果，严格提出了电路冲击响应的概念。同时，继将全响应分解为稳态分量和瞬态分量之后，又将全响应分解为零状态响应和零输入响应。在此基础上导出了卷积积分，阐明了电路在任意波形输入下的响应。在频域分析方面，引入了信号分析的相应研究，并且进一步运用和扩展了傅里叶分析，通过现代科学分析中非常重要的工具——卷积定理，将电路的时域和频域的关系紧密结合。这样一来，整个网络分析的面目为之一新。

（2）在电路理论研究方面，系统地应用拓扑学特别是一维拓扑学的成果，这不仅极大地丰富了电路理论的内容，提高了其理论水平，还为电路的计算机辅助分析和设计提供了坚实的理论基础。

（3）将动力学体系与电路理论相结合，引出了电路的状态、状态变量和状态空间的概念。状态方程的建立与输入—输出方程的建立具有同等重要的意义，而"状态"概念的应用为解决非线性电路和时变电路问题给出了新的途径。

（4）在电路的激励和信号研究方面，除了考虑连续时间信号外，还必须考虑离散和干扰下的随机信号。于是，在数学工具上就由拉普拉斯变换发展到Z变换，由微分方程发展到差分方程。

（5）近代电路理论站在集合论的高度，把电路看成是特定拓扑结构的支路集和节点集，从而应用空间的概念，借助于矩阵和张量的工具对基尔霍夫定律进行描述，这为古典的基尔霍夫定律注入了新的活力。

（6）在计算方法方面，采用了"系统的步骤"，以此与计算机的辅助分析方法相适应，使昔日难以入手的多端网络问题、时变网络及非线性网络问题变得易于解决。

近代电路理论从20世纪60年代开始，至70年代已形成，这十几年的进展相当于过去的几十年，这种高速度的发展是在社会生产力急剧发展的推动之下产生的，其发展的结果是社会生产中的电气化、自动化和智能化水平迅速提高。

4. 电路与系统理论发展阶段

在近代电路理论向前发展的同时，20世纪60~70年代首先在自然科学和技术的领域内形成了严谨而完整的"系统"概念，随后"系统理论"成为受到普遍重视的研究领域。其实，系统理论是起源于电路理论的。最初，人们在对电力系统和通信系统进行分析设计时，不仅需要从微观方面仔细地研究、发展和更新构成系统的每个部件和元件，还需要从宏观出发，在整体上研究系统结构的合理性、可靠性和稳定性等，这就自然而然地使某些系统理论的原始概念和方法伴随着电路理论的发展和深化而诞生。如今，系统理论已成为独立于其他学科的一门高度抽象概括且被广泛应用的基础理论，是各科学技术领域所共有的理论财富。

然而，对于电路理论及其工作者，是无法撇开系统概念去单独研究电路的，因为电路本身就是一个系统。但是系统又不能与电路完全等同，系统比电路更具有一般性，而电路比系统更具有典型性。电路所考虑的是元件的拓扑、参数，电路的物理量及电路的内在电气结构；而系统所考虑的是从输入到输出的整体性能及其外在的物理行为。电路理论与系统理论相结合，可以把系统理论的概括性和抽象方法用于电路，使电路理论的研究站得更高；也可以把电路理论的精确性和计算方法用于各种非电系统，使系统问题的研究更加切实。正是由于电路理论与系统理论在研究问题的科学思想上相互渗透、相互馈递，在研究问题的方法上又相互协调和相互统一，因此在 20 世纪 70 年代，科学界正式提出了建立概念体系更扩展的"电路与系统"（CAS）学科。这一举动是由学科的内在发展规律所决定的。事实证明，这一结合不仅保持了系统理论与电路理论的根源关系，使电路理论焕发出青春活力，使系统理论进一步得到发展，同时互相结合而发挥出来的无比强大的创造力更是引人瞩目。

综上所述，电路理论的发展分为经典电路理论、近代电路理论和电路与系统理论这三个主要历史阶段。其中近代电路理论不仅是经典电路理论的继续、扩展和更新，也是电路与系统学科中一部分非常重要的基础理论。目前，我们正处于电路与系统理论不断向前发展的时期，电路与系统学科的主攻方向可分为与"电"直接有关的电路理论及其工程应用、概括的系统科学及其应用两个方面。这两个方面所研究的内容极其广泛，但就目前来看，电路与系统学科更多偏重于研究和探索这些理论在工程应用中的新问题，因此，它是属于电气科学技术基础理论范畴内的一门学科。从现状展望未来，就会发现，电路理论已成为现代科学技术基础理论中一门十分活跃、举足轻重且具有广阔发展前景的学科。

0.2 高等院校电路课程的地位和特点

1. 课程地位

"电路"课程是高等院校工科电气信息类各专业学生必修的第一门专业基础课，是后续专业基础课和专业课的基础；同时也是电类学生知识结构重要的组成部分，在人才培养中起着十分重要的作用。因此，学好本课程对今后的学习与工作具有非常重要的意义。

本课程以高等数学为工具，在大学物理课电学知识的基础上，以直流、交流稳态及暂态电路为主要研究对象，通过对电路系统建立物理模型和列写数学方程式的方式，进行电路分析与计算。

2. 课程特点

"电路"课程是一门研究电路理论的基础课程，以电路分析为主，探讨电路的基本概念、基本定理和定律，并讨论各种计算方法。它是电类专业的一门重要的技术基础课，课程理论严谨、逻辑性强，对培养和提高学生的辨证抽象思维能力和严肃认真的科学作风，树立理论联系实际的工作观点和提高学生分析问题、解决问题的能力，以及加强基本技能训练等方面均起着重要的作用。

1　电路模型和电路基本定律

随着科学技术的飞速发展，现代电工电子设备的种类日益繁多，其规模和结构日新月异。但无论怎样设计和制造，大多数电工电子设备均是由各种基本电路组成的。所以，学习电路的基础知识，掌握分析电路的规律与方法，是学习电路的重要内容，也是进一步学习电机、电器和电子技术的基础。本章重点介绍有关电路的基本概念、基本元件及其特性和电路基本定律。

【教学要求及目标】

知识要点	目标与要求	相关知识	掌握程度评价
电路及其模型	理解	电源、负载	
电流、电压的参考方向	理解和掌握	微分、实际方向、代数量	
电功率	熟练掌握	电场力做功的特点	
电路基本元件及其特性	熟练掌握	欧姆定律、法拉第电磁感应定律	
基尔霍夫定律	熟练掌握	电荷守恒定律、能量守恒定律	

1.1　电路和电路模型

【基本概念】

电源：能够提供电能的装置，就是电源。例如，干电池、蓄电池、发电机等都是电源。

负载：电动机能把电能转换为机械能，电阻能把电能转换为热能，电灯泡能把电能转换成热能和光能，扬声器能把电能转换成声能。电动机、电阻、电灯泡、扬声器等是负载。负载是将电能转换为其他形式能的用电设备。

【引入】

在日常生活中使用的手电筒就是一种简单的电路（见图1-1）。干电池是电源，灯泡是负载，闭合开关，干电池向灯泡供电，灯泡发亮，电能转换为光能和热能。由此可见，电源（干电池）和负载（灯泡）是电路的两个重要的组成部分，电路还包括金属连片（导线）、开关等中间环节。

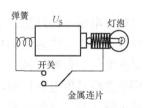

图1-1　手电筒照明实际电路

1.1.1　电路

1. 电路及其组成

简单地讲，电路是电流通过的路径。实际电路通常由各种电路实体部件（如电源、电阻器、电感线圈、电容器、变压器、仪表、二极管、晶体管等）组成。每一种电路实体部件具有各自不同的电磁特性和功能。按照人们不同的需要，把相关电路实体部件按一定方式进行组合，就构成了一个个电路。某个电路元器件数量很多且电路结构较为复杂，通常把这些电路称为电网络。

手电筒照明电路、单个照明灯电路等是实际应用中较为简单的电路，而电动机电路、雷达导航设备电路、计算机电路、电视机电路等则是较为复杂的电路。但无论简单还是复杂，电路的基本组成部分都离不开三个基本环节：电源、负载和中间环节。

电源是向电路提供电能的装置。它可以将其他形式的能量（如化学能、热能、机械能、原子能等）转换为电能。在电路中，电源是激励，是激发和产生电流的因素。负载是取用电能的装置，其作用是将电能转换为其他形式的能量（如机械能、热能、光能等）。在生产与生活中经常用到的电灯、电动机、电炉、扬声器等用电设备，都是电路中的负载。中间环节在电路中起着传递电能、分配电能和控制整个电路的作用。最简单的中间环节即开关和连接导线，一个实用电路的中间环节通常还有一些保护和检测装置。复杂的中间环节可以是由许多电路元件组成的网络系统。

图1-1所示的手电筒照明电路中，干电池作为电源，灯泡作为负载，金属连片和开关作为中间环节将灯泡和电池连接起来。

2. 电路的种类及功能

工程应用中的实际电路，按照其功能的不同可概括为两大类。一类是完成能量的传输、分配和转换的电路。如图1-1中，干电池通过金属连片将电能传递给灯泡，灯泡将电能转化为光能和热能。这类电路的特点是大功率、大电流。另一类是实现对电信号的传递、变换、储存和处理的电路。如图1-2所示的扩音器电路，其工作过程可描述为：传声器将声音的振动信号转换为电信号，即相应的电

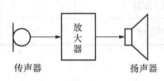

图1-2　扩音器电路

压和电流，经过放大器放大处理后，通过电路传递给扬声器，再由扬声器还原为声音。这类电路特点是小功率、小电流。

1.1.2　电路模型

实际电路的电磁过程是相当复杂的，难以进行有效的分析计算。在电路理论中，为了便于对实际电路进行分析和计算，通常在工程实际允许的条件下对实际电路进行模型化处理，即忽略次要因素，抓住足以反映其功能的主要电磁特性，抽象出实际电路器件的"电路模型"。

例如，电阻器、灯泡、电炉等，这些电气设备接受电能并将电能转换为光能或热能，光能和热能显然不可能再回到电路中，因此把这种在能量转换过程不可逆的电磁特性称为耗能。这些电气设备除了具有耗能电特性之外，当然还有一些其他电磁特性，但在研究和分析时，即使忽略其他电磁特性，也不会影响整个电路的分析计算结果。因此，可以用一个只具有耗能电特性的"电阻元件"作为电路模型。

将实际电路器件理想化而得到的、只具有某种单一电磁性质的元件，称为理想电路元件，简称电路元件。一种电路元件体现某种基本现象，具有某种确定的电磁性质和精确的数学定义。常用的有表示将电能转换为热能的电阻元件、表示电场性质的电容元件、表示磁场性质的电感元件及电压源元件和电流源元件等。理想电路元件的图形符号如图1-3所示。本章后面将分别讲解这些常用的电路元件。

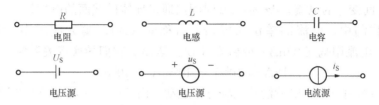

图 1-3　理想电路元件的图形符号

由理想电路元件相互连接组成的电路称为电路模型。例如，在图 1-1 所示的电路中，干电池对外提供电压的同时，内部电阻也消耗电能，所以干电池用电源电压 U_S 与内阻 R_S 的串联来表示；灯泡除了具有消耗电能的性质（电阻性）之外，通电时还会产生磁场，具有电感性。但电感微弱，可忽略不计，于是可认为灯泡是理想电阻元件，用 R_L 表示。图 1-4 所示为图 1-1 所示电路的电路模型。

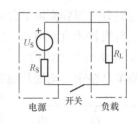

图 1-4　手电筒电路的电路模型

1.2　电流、电压和电位

【基本概念】

电荷：带正、负电的基本粒子称为电荷，其中带正电的粒子称为正电荷，带负电的粒子称为负电荷。带电是某些基本粒子的属性，它使基本粒子互相吸引或排斥。物质原子中，电子带负电，质子带正电。

微分：在数学中，微分是对函数局部变化率的一种线性描述。微分可以近似地描述为当函数自变量的取值做足够小的改变时，函数值是怎样改变的。例如，电荷 q 的变化量 Δq 趋于无穷小时，则记作微元 dq，即 $dq = \lim_{\Delta q \to 0} \Delta q$。

导数：导数是微积分学中重要的基本概念，一个函数在某一点的导数，描述了这个函数在这一点附近的变化率。例如，在运动学中，物体的位移对于时间的导数就是物体的瞬时速度，即 $\vec{v} = \dfrac{d\vec{r}}{dt} = \lim_{\Delta t \to 0} \dfrac{\Delta \vec{r}}{\Delta t}$。

【引入】

荧光灯中的电压总是相线（俗称"火线"）高于中性线（俗称"零线"）吗？电流总是从相线流入灯管，从灯管流入中性线吗？为了弄清楚这些问题，我们需要从电路基本物理量的概念入手。电路中的基本物理量是电流和电压。无论是电能的传输和转换，还是信号的传递和处理，都是这两个量变化的结果。因此，弄清楚电流与电压及其方向，对进一步掌握电路的分析与计算是十分重要的。

1.2.1　电流及其参考方向

1. 电流

电荷的定向移动形成电流。电流的大小用电流强度来衡量，电流强度也简称电流。其定义为单位时间内通过导体横截面的电荷量，用公式表示为

$$i = \frac{dq}{dt} \tag{1-1}$$

式中，i 为随时间变化的电流，$\mathrm{d}q$ 为在 $\mathrm{d}t$ 时间内通过导体横截面的电荷量。

在国际单位制中，电流的单位为安培，简称安（A）。实际应用中，大电流用千安（kA）表示，小电流用毫安（mA）或微安（μA）表示。它们的换算关系为

$$1\mathrm{kA} = 10^3\mathrm{A} = 10^6\mathrm{mA} = 10^9\mu\mathrm{A}$$

在外电场的作用下，正电荷沿着电场方向运动，而负电荷逆着电场方向运动（在金属导体内，自由电子在电场力的作用下定向移动形成电流），习惯上规定：正电荷运动的方向为电流的实际方向。

电流有交流和直流之分：大小和方向都随时间变化的电流称为交流电流，方向不随时间变化的电流称为直流电流，大小和方向都不随时间变化的电流称为稳恒直流。

2. 电流的参考方向

简单电路中，电流从电源正极流出，经过负载，回到电源负极。在分析复杂电路时，一般难于事先判断出电流的实际方向。例如，在图 1-5 所示的桥式电路中，流过 40Ω 负载电阻的实际电流方向难以确定，而列方程、进行定量计算时需要对电流约定方向。对于交流电流，其方向随时间改变，更无法用一个固定的方向表示，因此引入电流的参考方向，也称为正方向。

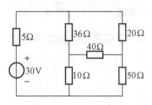

图 1-5　桥式电路

参考方向可以任意设定，如用一个箭头表示某电流的假定正方向，就称为该电流的参考方向。当电流的实际方向与参考方向一致时，电流的数值就为正值（$i>0$），如图 1-6（a）所示；当电流的实际方向与参考方向相反时，电流的数值就为负值（$i<0$），如图 1-6（b）所示。需要注意的是，未规定电流的参考方向时，电流的正负没有任何意义，如图 1-6（c）所示。

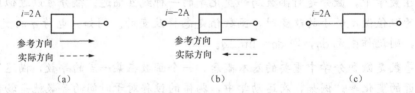

（a）　　　　　　　　　（b）　　　　　　　　　（c）

图 1-6　电流参考方向的表示方法

1.2.2　电压及其参考方向

1. 电压

在图 1-7 所示的闭合电路中，在电场力的作用下，正电荷要从电源正极 a 经过导线和负载流向负极 b（实际上是带负电的电子由负极 b 经负载流向正极 a），形成电流，而电场力就对电荷做了功。

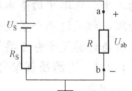

电场力将单位正电荷从 a 点经外电路（电源以外的电路）移送到 b 点所做的功，称为 a、b 两点之间的电压，记作 U_{ab}。因此，电压是衡量电场力做功本领大小的物理量。

若电场力将正电荷 $\mathrm{d}q$ 从 a 点经外电路移送到 b 点所做的功是 $\mathrm{d}\omega$，则 a、b 两点间的电压为

图 1-7　定义电压示意图

$$u_{ab} = \frac{\mathrm{d}\omega}{\mathrm{d}q}$$

　　　　　　　　　　　　　　　　　　　　　　　　　　　　　（1-2）

在国际制单位中，电压的单位为伏特，简称伏（V）。实际应用中，大电压用千伏（kV）表示，小电压用毫伏（mV）或者微伏（μV）表示。它们的换算关系为

$$1kV = 10^3V = 10^6mV = 10^9\mu V$$

电压的实际方向规定为从高电位指向低电位，在电路图中可用箭头来表示。

2. 电压的参考方向

在比较复杂的电路中，往往不能事先知道电路中任意两点间的电压。为了分析和计算方便，与电流的参考方向规定类似，在分析计算电路之前，必须对电压标以极性［见图 1-8（a）］，或用箭头表示电压降落的方向［见图 1-8（b）］。如果采用双下标标记时，电压的参考方向意味着从第一个下标

图 1-8　电压参考方向的表示方法

指向第二个下标。例如图 1-8 中元件两端电压记作 u_{ab}。若电压参考方向选择为由 b 点指向 a 点，则应写成 u_{ba}，两者仅差一个负号，即 $u_{ab} = -u_{ba}$。

分析和求解电路时，先按选定的电压参考方向进行分析、计算，再由计算结果中电压值的正负，来判断电压的实际方向与任意选定的电压参考方向是否一致，即若电压值为正，则实际方向与参考方向相同；若电压值为负，则实际方向与参考方向相反。

1.2.3　电位及其计算

为了方便分析问题，常在电路中指定一点作为参考点，假定该点的电位是零，用符号"⊥"表示，如图 1-7 所示。在生产实践中，常把地球作为零电位点，凡是机壳接地的设备，机壳电位即为零电位。有些设备或装置，机壳并不接地，而是把许多元件的公共点作为零电位点。

电路中其他各点相对于参考点的电压即各点的电位，因此，任意两点间的电压等于这两点的电位之差，可以用电位的高低来衡量电路中某点电势能的大小。

电路中各点电位的高低是相对的。参考点不同，各点电位的高低也不同，但是电路中任意两点之间的电压与参考点的选择无关。电路中凡是比参考点电位高的点是正电位，比参考点电位低的点是负电位。

【例 1-1】　求图 1-9 所示电路中 a 点的电位。

$$12V\quad 50\Omega\quad a\quad 30\Omega\quad -4V\qquad\qquad 12V\quad 40\Omega\quad 20\Omega\quad a$$

（a）　　　　　　　　　　　　　　　　（b）

图 1-9　例 1-1 电路

解　对于图 1-9（a），有

$$V_a = -4 + \frac{30}{50+30} \times (12+4) = 2V$$

对于图 1-9（b），因 20Ω 电阻中电流为 0，故

$$V_a = 0$$

【例 1-2】　电路如图 1-10 所示，分别求开关 S 断开和闭合时 A、B 两点的电位 V_A、V_B。

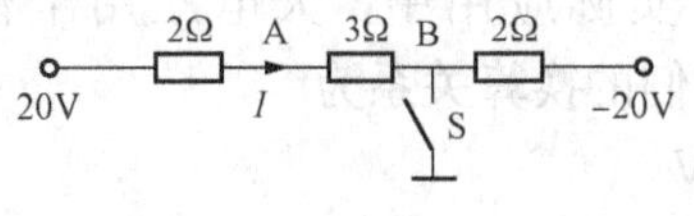

图 1 - 10　例 1 - 2 电路

解　设电路中电流为 I，如图 1 - 10 所示。

当开关 S 断开时，有

$$I = \frac{20 - (-20)}{2 + 3 + 2} = \frac{40}{7} \text{A}$$

因为

$$20 - V_A = 2I$$

所以

$$V_A = 20 - 2I = 20 - 2 \times \frac{40}{7} = \frac{60}{7} \text{V}$$

同理

$$V_B = 20 - (2 + 3)I = 20 - 5 \times \frac{40}{7} = -\frac{60}{7} \text{V}$$

当开关 S 闭合时，有

$$I = \frac{20 - 0}{2 + 3} = 4\text{A}$$

$$V_A = 3I = 3 \times 4 = 12\text{V}$$

$$V_B = 0$$

1.3　电功率和电能

【基本概念】

能量：物体做功的能力。能量是对一切宏观、微观物体运动的描述。相应于不同形式的运动，能量分为机械能、分子内能、电能、化学能、原子能、内能等，也简称能。

功率：单位时间内所做的功称为功率。功率是表示物体做功快慢的物理量。

电场力：电荷之间的相互作用是通过电场发生的。只要有电荷存在，电荷的周围就存在电场，电场的基本性质是对放入其中的电荷有力的作用，这种力称为电场力。电场力是保守力（保守力做功与路径无关，只与始末位置有关）。

【引入】

物理课中谈到，力对物体做的功等于该物体能量的变化，而这个功和做功所用时间之比（单位时间内做的功）称为功率。那么作为一种特殊的力——电场力，它的功率是否也可以这样定义？它与电路的基本物理量——电压、电流之间是什么关系？与电压、电流的参考方向是否有关？这是本节将要详细讨论的问题。

1.3.1　电功率及其计算

电流通过电路时传输或转换电能的速率，即单位时间内电场力所做的功，称为**电功率**，简称功率。数学描述为

$$p = \frac{\mathrm{d}w}{\mathrm{d}t} \tag{1 - 3}$$

其中 p 表示功率。国际单位制中，功率的单位是瓦特，简称瓦（W）。规定元件 1s 内提供或消耗 1J 能量时的功率为 1W。常用的功率单位还有千瓦（kW）。

将式（1 - 3）等号右边的分子、分母同乘以 $\mathrm{d}q$ 后，变为

$$p = \frac{\mathrm{d}w}{\mathrm{d}t} = \frac{\mathrm{d}w}{\mathrm{d}q} \times \frac{\mathrm{d}q}{\mathrm{d}t} = ui \qquad\qquad (1\text{-}4)$$

可见，元件吸收或发出的功率等于元件上的电压乘以流过该元件的电流。

　　为了便于识别与计算，对于同一元件或同一段电路，往往将其电流和电压的参考方向选为一致，这时称电压、电流的参考方向关联（关联参考方向），如图 1-11（a）所示；如果两者的参考方向相反，则称电压、电流的参考方向非关联（非关联参考方向），如图 1-11（b）所示。

图 1-11　电压与电流的参考方向
(a) 关联参考方向；(b) 非关联参考方向

　　有了参考方向与关联的概念，则电功率计算式［见式（1-4）］就可以表示为两种形式。当 u、i 为关联参考方向时，有

$$p = ui（直流功率\ P = UI） \qquad\qquad (1\text{-}5)$$

　　当 u、i 为非关联参考方向时，有

$$p = -ui（直流功率\ P = -UI） \qquad\qquad (1\text{-}6)$$

　　无论电压、电流参考方向关联与否，只要计算结果 $p>0$，则该元件吸收功率，即消耗功率，该元件是负载；若 $p<0$，则该元件发出功率，即产生功率，该元件是电源。

　　根据能量守恒定律，对于一个完整的电路，发出功率的总和应正好等于吸收功率的总和。

　　【例 1-3】　计算图 1-12 所示电路中各元件的功率，指出是吸收还是发出功率，并求整段电路的功率。已知电路为直流电路，$U_1 = 4\mathrm{V}$，$U_2 = -8\mathrm{V}$，$U_3 = 6\mathrm{V}$，$I = 2\mathrm{A}$。

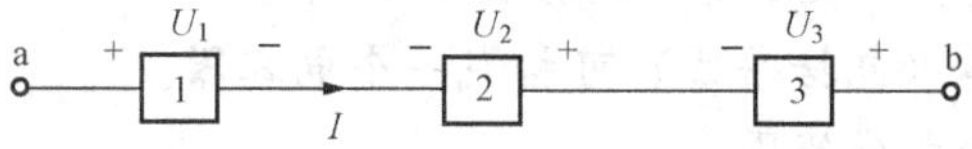

图 1-12　例 1-3 电路

　　解　在图 1-12 所示电路中，元件 1 的电压与电流为关联参考方向，由式（1-5）得

$$P_1 = U_1 I = 4 \times 2 = 8\mathrm{W}$$

故元件 1 吸收 8W 功率。

元件 2 和元件 3 的电压与电流为非关联参考方向，由式（1-6）得

$$P_2 = -U_2 I = -(-8) \times 2 = 16\mathrm{W}$$

$$P_3 = -U_3 I = -6 \times 2 = -12\mathrm{W}$$

故元件 2 吸收 16W 功率，元件 3 发出 12W 功率。

　　整段电路的功率为

$$P_{\mathrm{ab}} = P_1 + P_2 + P_3 = 8 + 16 - 12 = 12\mathrm{W}$$

　　本例中，元件 1 和元件 2 的电压与电流实际方向相同，两者吸收功率；元件 3 的电压与电流实际方向相反，两者发出功率。由此可见，当电压与电流实际方向相同时，电路吸收功率；反之，则是发出功率。实际电路中，电阻元件的电压与电流的实际方向总是一致的，说明电阻总在消耗能量；而电源则不然，其功率可能为正也可能为负，这说明其可能作为电源提供电能，也可能被充电，即吸收功率。

1.3.2　电能及其计算

　　电路在一段时间内消耗或提供的能量称为电能。根据式（1-4），电路元件在 t_0 到 t 时间内消耗或提供的能量为

$$W = \int_{t_0}^{t} p\mathrm{d}t \qquad (1-7)$$

直流时

$$W = P(t - t_0) \qquad (1-8)$$

在国际单位制中，电能的单位是焦耳（J）。1J 等于 1W 的用电设备在 1s 内消耗的电能。通常，电力部门用"度"作为单位测量用户消耗的电能，"度"是千瓦时（kW·h）的俗称。1 度（或 1kW·h）电等于功率为 1kW 的元件在 1h 内消耗的电能，即

$$1 \text{度} = 1\text{kW·h} = 10^3 \text{W} \times 3600\text{s} = 3.6 \times 10^6 \text{J}$$

如果通过实际元件的电流过大，元件会由于温度升高造成绝缘材料损坏，甚至使导体熔化；如果电压过大，会将元件绝缘击穿，所以必须加以限制。

电气设备或元件长期正常运行的电流允许值称为额定电流，其长期正常运行的电压允许值称为**额定电压**；额定电压和额定电流的乘积称为额定功率。通常，电气设备或元件的额定值标在产品的铭牌上。例如，某白炽灯铭牌上标有"220V、40W"，表示这只白炽灯额定电压为 220V，额定功率为 40W。

1.4 电阻、电感和电容元件

【基本概念】

电阻器：由电阻体、骨架和引出端三部分构成（实心电阻器的电阻体与骨架合而为一），而决定阻值的只是电阻体。对于截面均匀的电阻体，其电阻值为 $R = \rho \dfrac{L}{S}$（ρ 表示电阻的电阻率，是由其本身性质决定的；L 表示电阻的长度；S 表示电阻的横截面积）。

电容器：任何两个彼此绝缘且相隔很近的导体（包括导线）可构成一个电容器。

电感器：用绝缘导线绕制的各种线圈，又称为电感线圈。

法拉第电磁感应定律：当穿过回路的磁通量发生变化时，回路中感应电动势 ε 的大小与穿过回路的磁链 ψ 变化率成正比，即

$$\varepsilon = -\frac{\mathrm{d}\psi}{\mathrm{d}t}$$

【引入】

电阻元件上的电压和电流满足欧姆定律（成正比）；电容元件充电后撤掉电源，其极板上的电荷及极板间的电压不会随之消失……这些元件的电压与电流的关系（简称 VCR）在引入参考方向后，会有怎样的形式？在不同的参考方向下，其表达式是否有所不同？

电阻元件、电感元件和电容元件都是理想的电路元件，它们均不发出电能，称为无源元件。其有线性和非线性之分，线性元件的参数为常数，与所施加的电压和电流无关。本节主要分析讨论线性电阻、电感和电容元件的特性。

1.4.1 电阻元件

电阻元件，简称电阻，是一种最常见的、用于反映电流热效应的二端电路元件。电阻元件可分为线性电阻和非线性电阻两类，如无特殊说明，本书所用电阻均为线性元件。在实际交流电路中，如白炽灯、电阻炉、电烙铁等，均可看作线性电阻元件。图 1-13（a）所示为线性电阻元件的图形符号，在电压、电流为关联参考方向下，其端口伏安关系为

$$u = Ri \qquad (1-9)$$

式中，R 为常数，用来表示电阻及其阻值。

式（1-9）表明，凡是服从欧姆定律的元件即线性电阻元件。图 1-13（b）所示为其伏安特性曲线。若电压、电流在非关联参考方向下，其伏安关系应写成为

$$u = -Ri \qquad (1-10)$$

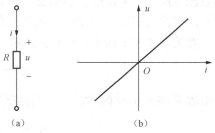

在国际单位制中，电阻的单位是欧姆，简称欧（Ω）。当电阻电压为 1V、电流为 1A 时，电阻值为 1Ω。此外，电阻的单位还有千欧（kΩ）和兆欧（MΩ）。电阻的倒数称为电导，用符号 G 来表示，即

$$G = \frac{1}{R} \qquad (1-11)$$

图 1-13　电阻元件及其伏安特性曲线
(a) 电阻元件；(b) 伏安特性曲线

电导的单位是西门子，简称西（S），或 1/欧姆（1/Ω）。

电阻是一种耗能元件。当电流通过电阻时，会发生电能转换为热能的过程。而热能向周围扩散后，不可能再直接回到电源而转换为电能。当电阻电压 u 和电流 i 取关联参考方向时，该电阻吸收的功率可由式（1-5）和式（1-9）计算得到，即

$$p = ui = i^2 R = \frac{u^2}{R} \qquad (1-12)$$

一般地，电路消耗的电能为

$$W = \int_{t_0}^{t} ui\,\mathrm{d}t = \int_{t_0}^{t} i^2 R\mathrm{d}t = \int_{t_0}^{t} \frac{u^2}{R}\mathrm{d}t \qquad (1-13)$$

在直流电路中，有

$$P = UI = I^2 R = \frac{U^2}{R}$$

$$W = UI(t - t_0) = I^2 R(t - t_0) = \frac{U^2}{R}(t - t_0)$$

1.4.2　电容元件

电容器种类很多，但从结构上都可看作是由中间夹有绝缘材料的两块金属极板构成的。电容元件是实际电容器即电路器件电容效应的抽象，反映了带电导体周围存在电场。能够储存和释放电场能量理想化的电路元件称为线性电容元件。如无特殊说明，本书提到的电容元件都是指线性电容元件。

电容元件的电容量简称电容。电容的符号是大写字母 C，其定义为电容元件储存的电荷 q 与两端电压 u 的比值，即

$$C = \frac{q}{u}$$

电容的国际单位为法拉（F），简称法。由于法拉单位太大，实际应用中常用单位微法（μF）和皮法（pF）。它们之间的换算关系为

$$1\mathrm{pF} = 10^{-6}\mu\mathrm{F} = 10^{-12}\mathrm{F}$$

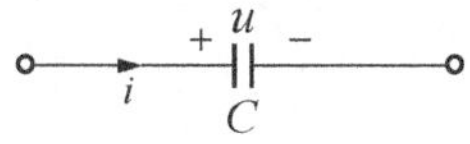

图 1-14　电容元件

当电容两端的电压 u 和电流 i 取关联参考方向时（见图 1-14），其伏安特性关系（VCR）为

$$i = \frac{\mathrm{d}q}{\mathrm{d}t} = C\frac{\mathrm{d}u}{\mathrm{d}t} \tag{1-14}$$

式（1-14）表明，电容元件的电流与电压对时间的变化率成正比。如果电容元件两端加直流电压，因电压的大小不变，即 $\mathrm{d}u/\mathrm{d}t=0$，那么电容元件的电流就为 0，所以电容元件对直流可视为开路，因此电容元件具有"隔直通交"的作用。

在关联参考方向下，电容元件吸收的功率为

$$p = ui = uC\frac{\mathrm{d}u}{\mathrm{d}t} = Cu\frac{\mathrm{d}u}{\mathrm{d}t} \tag{1-15}$$

而电容元件在 $0\sim t$ 时间段内，其两端电压由 0 增大到 U 时，其吸收的能量为

$$W = \int_0^t p\,\mathrm{d}t = \int_0^U Cu\,\mathrm{d}u = \frac{1}{2}CU^2 \tag{1-16}$$

式（1-16）表明，对于同一个电容元件，当电场电压高时，其储存的能量就多；对于不同的电容元件，当充电电压一定时，电容大的电容元件储存的能量多。从这个意义上说，电容 C 也是电容元件储能本领大小的标志。

当电压的绝对值增大时，电容元件吸收能量，并转换为电场能量；当电压减小时，电容元件释放电场能量。电容元件本身不消耗能量，同时也不会放出超过它吸收或储存的能量，因此电容元件是一种无源的储能元件。

在实际应用中，有时出于电容大小或额定功率的考虑，需要将多个电容进行串（并）联。多个电容串（并）联时，从效果上看可以用一个等效电容来替代（只对外等效）。

图 1-15（a）所示为 n 个电容的串联，图 1-15（b）所示为其等效电容。对于图 1-15（a）所示的 n 个电容串联电路，每个电容流过的电流均为 i，所以有

$$i_\mathrm{C} = C_1\frac{\mathrm{d}u_1}{\mathrm{d}t} = C_2\frac{\mathrm{d}u_2}{\mathrm{d}t} = \cdots = C_n\frac{\mathrm{d}u_n}{\mathrm{d}t} \tag{1-17}$$

而 n 个电容串联的总电压 u 为

$$u = u_1 + u_2 + \cdots + u_n \tag{1-18}$$

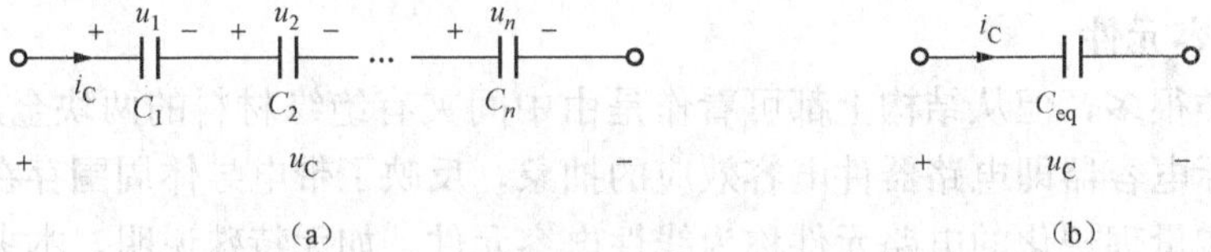

图 1-15　电容的串联及其等效电容

(a) n 个电容元件串联；(b) 等效电容

将式（1-18）两端对时间 t 求导，得

$$\frac{\mathrm{d}u_\mathrm{C}}{\mathrm{d}t} = \frac{\mathrm{d}u_1}{\mathrm{d}t} + \frac{\mathrm{d}u_2}{\mathrm{d}t} + \cdots + \frac{\mathrm{d}u_n}{\mathrm{d}t} \tag{1-19}$$

将式（1-17）代入式（1-19），得

$$\frac{\mathrm{d}u_\mathrm{C}}{\mathrm{d}t} = \frac{1}{C_1}i_\mathrm{C} + \frac{1}{C_2}i_\mathrm{C} + \cdots + \frac{1}{C_n}i_\mathrm{C}$$

$$= \left(\frac{1}{C_1} + \frac{1}{C_2} + \cdots + \frac{1}{C_n}\right)i_\mathrm{C} = \left(\sum_{k=1}^n \frac{1}{C_k}\right)i_\mathrm{C} \tag{1-20}$$

由式（1-20）和图 1-15（b）得

$$i_C = \frac{1}{\sum\limits_{k=1}^{n}\frac{1}{C_k}} \times \frac{\mathrm{d}u_C}{\mathrm{d}t} = C_{eq}\frac{\mathrm{d}u_C}{\mathrm{d}t}$$

所以

$$C_{eq} = \frac{1}{\sum\limits_{k=1}^{n}\frac{1}{C_k}} \tag{1-21}$$

或

$$\frac{1}{C_{eq}} = \sum\limits_{k=1}^{n}\frac{1}{C_k} = \frac{1}{C_1} + \frac{1}{C_2} + \cdots + \frac{1}{C_n} \tag{1-22}$$

图 1-16（a）所示为 n 个电容的并联，图 1-16（b）所示为其等效电容。对于图 1-16（a），有

$$i_C = i_1 + i_2 + \cdots + i_n = \sum\limits_{k=1}^{n}i_k \tag{1-23}$$

其中

$$i_k = C_k\frac{\mathrm{d}u_C}{\mathrm{d}t} \quad (k=1,2,\cdots,n) \tag{1-24}$$

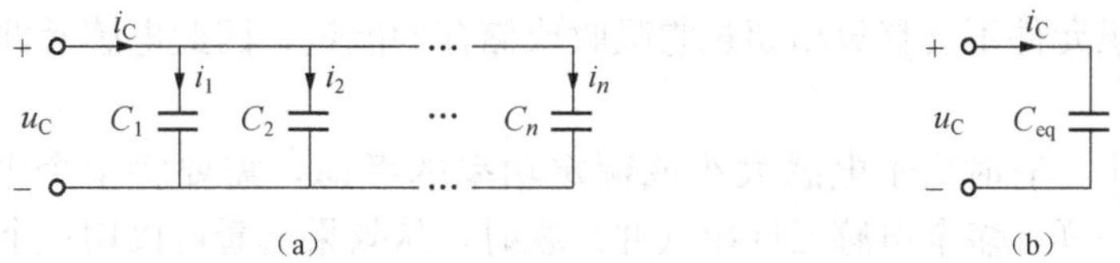

图 1-16 电容的并联及其等效电容
(a) n 个电容元件并联；(b) 等效电容

将式（1-24）代入式（1-23），得

$$i_C = \left(\sum\limits_{k=1}^{n}C_k\right)\frac{\mathrm{d}u_C}{\mathrm{d}t} = C_{eq}\frac{\mathrm{d}u_C}{\mathrm{d}t}$$

由图 1-16（b）得

$$C_{eq} = \sum\limits_{k=1}^{n}C_k = C_1 + C_2 + \cdots + C_n \tag{1-25}$$

1.4.3 电感元件

线性电感元件是实际电感线圈内部电感效应的抽象，其能够储存和释放磁场能量。空心电感线圈常可抽象为线性电感元件。如无特殊说明，本书提到的电感元件都是指线性电感元件。

电感元件的电感量简称电感。电感的符号是大写字母 L，其定义为磁链（与 N 匝线圈交链的总磁通称为磁链，即 $\psi = N\Phi$）与电感中的电流 i 的比值，即

$$L = \frac{\psi}{i}$$

电感的国际单位为亨利，简称亨（H），实际应用中常用单位还有毫亨（mH）和微亨

（μH）。它们之间的换算关系为

$$1\text{mH} = 10^{-3}\text{H}, \quad 1\mu\text{H} = 10^{-6}\text{H}$$

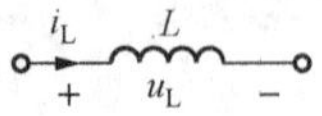

图 1-17　电感元件

当电感元件两端的电压 u 和电流 i 取关联参考方向时（见图 1-17），其伏安特性方程（VCR）为

$$u_\text{L} = \frac{\mathrm{d}\psi}{\mathrm{d}t} = L\frac{\mathrm{d}i_\text{L}}{\mathrm{d}t} \tag{1-26}$$

式（1-26）表明，电感元件上任一瞬间的电压大小，与这一瞬间电流对时间的变化率成正比。如果电感元件中通过的是直流电流，因电流的大小不变，即 $\mathrm{d}i_\text{L}/\mathrm{d}t=0$，那么电感上的电压就为 0，所以电感元件对直流可视为短路。

在关联参考方向下，电感元件吸收的功率为

$$p = u_\text{L}i_\text{L} = Li_\text{L}\frac{\mathrm{d}i_\text{L}}{\mathrm{d}t} \tag{1-27}$$

则电感元件在 0～t 时间内，电流由 0 变化到 I 时，吸收的能量为

$$W = \int_0^t p\mathrm{d}t = \int_0^I Li_\text{L}\mathrm{d}i = \frac{1}{2}LI_\text{L}^2 \tag{1-28}$$

即电感元件在一段时间内储存的能量与其电流的平方成正比。当通过电感元件的电流增加时，电感元件将电能转换为磁能并储存在磁场中；当通过电感元件的电流减小时，电感元件将储存的磁能转换为电能释放给电源。所以，电感元件是一种储能元件，它以磁场能量的形式储能，同时电感元件不会释放出超过它吸收或储存的能量，因此电感元件是一个无源的储能元件。

在实际应用中，有时出于电感大小或额定功率的考虑，需要将多个电感进行串（并）联。与电容元件一样，多个电感元件串（并）联时，从效果上看可以用一个等效电感元件来替代（只对外等效）。

图 1-18（a）所示为 n 个电感元件的串联，图 1-18（b）所示为其等效电感。

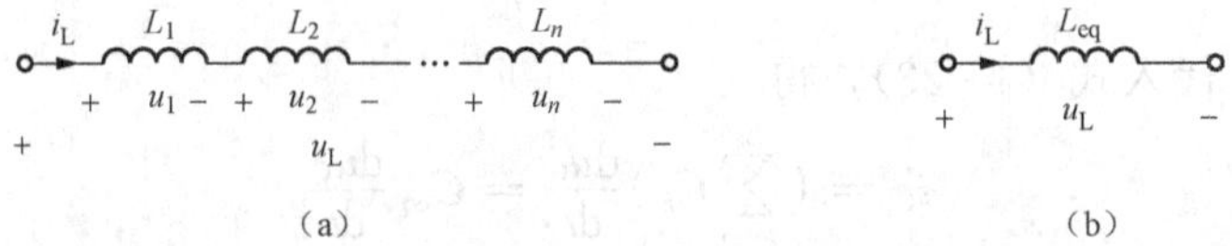

（a）　　　　　　　　　　　（b）

图 1-18　电感元件串联及其等效电感
（a）n 个电感元件串联；（b）等效电感

对于图 1-18（a）所示电路，有

$$u_\text{L} = u_1 + u_2 + \cdots + u_n = \sum_{k=1}^{n} u_k \tag{1-29}$$

其中

$$u_k = L_k\frac{\mathrm{d}i_\text{L}}{\mathrm{d}t} \quad (k=1,2,\cdots,n) \tag{1-30}$$

将式（1-30）代入式（1-29），得

$$u_\text{L} = \Big(\sum_{k=1}^{n} L_k\Big)\frac{\mathrm{d}i_\text{L}}{\mathrm{d}t} = L_\text{eq}\frac{\mathrm{d}i_\text{L}}{\mathrm{d}t}$$

由图 1-18（b）得

$$L_{\text{eq}} = L_1 + L_2 + \cdots + L_n = \sum_{k=1}^{n} L_k \qquad (1\text{-}31)$$

图 1-19（a）所示为 n 个电感元件的并联，图 1-19（b）所示为其等效电感。

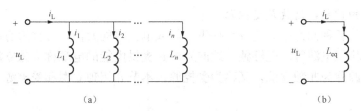

图 1-19　电感元件并联及其等效电路

（a）n 个电感元件并联；（b）等效电感

对于图 1-19（a），有

$$i_{\text{L}} = i_1 + i_2 + \cdots + i_n \qquad (1\text{-}32)$$

$$u_{\text{L}} = L_1 \frac{\mathrm{d}i_1}{\mathrm{d}t} = L_2 \frac{\mathrm{d}i_2}{\mathrm{d}t} = \cdots = L_n \frac{\mathrm{d}i_n}{\mathrm{d}t} \qquad (1\text{-}33)$$

将式（1-32）两端对时间 t 求导，得

$$\frac{\mathrm{d}i_{\text{L}}}{\mathrm{d}t} = \frac{\mathrm{d}i_1}{\mathrm{d}t} + \frac{\mathrm{d}i_2}{\mathrm{d}t} + \cdots + \frac{\mathrm{d}i_n}{\mathrm{d}t} \qquad (1\text{-}34)$$

将式（1-33）代入式（1-34），得

$$\frac{\mathrm{d}i_{\text{L}}}{\mathrm{d}t} = \frac{1}{L_1}u_{\text{L}} + \frac{1}{L_2}u_{\text{L}} + \cdots + \frac{1}{L_n}u_{\text{L}} = \left(\frac{1}{L_1} + \frac{1}{L_2} + \cdots + \frac{1}{L_n} \right)u_{\text{L}}$$

$$= \left(\sum_{k=1}^{n} \frac{1}{L_k} \right)u_{\text{L}} \qquad (1\text{-}35)$$

由式（1-35）和图 1-19（b）得

$$u_{\text{L}} = \frac{1}{\displaystyle\sum_{k=1}^{n} \frac{1}{L_k}} \times \frac{\mathrm{d}i_{\text{L}}}{\mathrm{d}t} = L_{\text{eq}} \frac{\mathrm{d}i_{\text{L}}}{\mathrm{d}t}$$

所以

$$L_{\text{eq}} = \frac{1}{\displaystyle\sum_{k=1}^{n} \frac{1}{L_k}} \qquad (1\text{-}36)$$

或

$$\frac{1}{L_{\text{eq}}} = \sum_{k=1}^{n} \frac{1}{L_k} = \frac{1}{L_1} + \frac{1}{L_2} + \cdots + \frac{1}{L_n} \qquad (1\text{-}37)$$

1.5　独立源和受控源

【基本概念】

激励：能够独立地为电路提供电能，使之产生非零电压或电流的元件就是激励，如独立电压源、独立电流源。

响应：电路中某支路或元件的电压、电流，由激励产生。

【引入】

手电筒的电池、电动车的蓄电池、实验室中的直流稳压电源，这些电源的共同特点是其输出电压恒定，不受电流变化的影响。除此之外，还有一种电源，它们的输出电压（或电流）受其他变量的控制，这就是受控源。

在组成电路的各种元件中，电源是提供电能或电信号的元件，常称为有源元件，如发电机、电池和集成稳压电源等。能够独立地向外电路提供电能的电源称为独立源；不能向外电路提供电能的电源称为非独立源，又称为受控源。本节介绍独立源和受控源，包括电压源和电流源。

1.5.1　独立源

独立源是电路中为负载提供电能的装置，是产生电路响应的源泉，是一种理想化的电源模型。"独立"的含义是不需要其他条件，本身能单独工作。按照其工作特性的异同情况，独立源可分为独立电压源和独立电流源两种类型。

1. 独立电压源

独立电压源（又称理想电压源）是一个二端有源元件，其端电压总能保持恒定或为固定的时间函数（由电压源自身决定），与流过它的电流及外电路无关。理想电压源的端电压可以是时变的［用 $u_S(t)$ 表示，如交流电压源］，也可以是恒定的（用 U_S 表示，称为直流电压源）。理想电压源的图形符号及伏安特性曲线如图 1-20 所示，其伏安特性可表示为

$$\left.\begin{array}{l} u(t) = u_S(t) \\ i(t) = 任意值 \end{array}\right\} \tag{1-38}$$

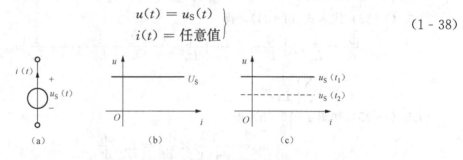

图 1-20　理想电压源的图形符号及其伏安特性曲线

(a) 电压源的图形符号；(b) 直流电压源伏安特性；(c) 时变电压源伏安特性

$i(t)$ 为任意值的含义是指其大小由电压源和外电路（如负载）共同决定。

由图 1-20（b）可知，直流电压源的伏安特性曲线是一条与电压轴垂直且与电流轴平行的直线，其电压值与电流大小无关。由图 1-20（c）可知，时变电压源的电压虽然随时间 t 变化，但并不随其电流的变化而变化，所以时变电压源的伏安特性曲线是一簇平行于电流轴的直线。

由电压源的伏安特性可得理想电压源的内阻为

$$R_S = 0 \tag{1-39}$$

理想电压源的内阻为 0 这一结论有助于理解具有无伴电压源支路的节点电压法。

若令 $u_S(t)=0$，则理想电压源的伏安特性曲线与电流轴重合，此时的电压源将失去作用，相当于短路，称为"置零"。理想电压源置零相当于短路，这在用叠加定理求解电路响应和求解戴维南等效电路时要用到。

当电压源不接外电路时，电流总等于 0，此时电压源输出功率为 0，因此电压源不用时

都是开路放置；电压源严禁短路。

2. 独立电流源

独立电流源（又称理想电流源），是一个二端有源元件，其提供的电流总能保持恒定或为固定的时间函数（由电流源本身决定），与其端电压及外电路无关。理想电流源的电流可以是时变的［用 $i_S(t)$ 表示，如交流电流源］，也可以是恒定的（用 I_S 表示，称为直流电流源）。电流源的图形符号及伏安特性曲线如图 1-21 所示，其伏安特性可表示为

$$\left.\begin{array}{l} i(t) = i_S(t) \\ u(t) = 任意值 \end{array}\right\} \tag{1-40}$$

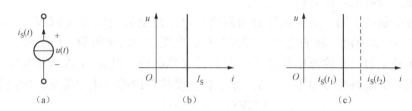

图 1-21 理想电流源的图形符号及其伏安特性曲线
(a) 电流源的图形符号；(b) 直流电流源伏安特性；(c) 时变电流源伏安特性

$u(t)$ 为任意值的含义是指其大小由电流源和外电路（如负载）共同决定。

由图 1-21 (b) 可知，直流电流源的伏安特性曲线是一条与电流轴垂直的直线，其电流值与电压大小无关。由图 1-21 (c) 可知，时变电流源的电流虽然随时间 t 变化，但并不随其电压的变化而变化，所以时变电流源的伏安特性曲线是一簇垂直于电流轴的直线。

由电流源的伏安特性可得电流源的内阻为

$$R_{is} = \infty \tag{1-41}$$

电流源内阻为无穷大这一结论有助于理解具有无伴电流源支路的节点电压法。

若令 $i_S(t)=0$，则电流源的伏安特性曲线与电压轴重合，此时的电流源将失去作用，相当于开路，称为"置零"。电流源置零相当于开路的概念在用叠加定理求解电路响应和求解戴维南等效电路时要用到。

当电流源短路时，其端口电压为 0，此时其输出功率为 0，因此电流源不用时应短路放置；电流源严禁开路。

【例 1-4】 计算图 1-22 所示电路中各电源的功率。

解 对于 30V 的电压源，电压与电流参考方向关联，则

$$P_{US} = 30 \times 2 = 60W(恒压源吸收功率)$$

对于 2A 的电流源，电压与电流参考方向非关联，则

$$P_{IS} = -(30 \times 2) = -60W(恒流源释放功率)$$

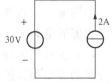

图 1-22 例 1-4 电路

1.5.2 受控源

受控源又称为非独立源，分为受控电压源和受控电流源两种类型。顾名思义，受控源就是其电压或电流受到电路中某支路（元件）的电压或电流控制，即受控源的电压或电流与电路中某支路（元件）的电压或电流成比例关系。这种起控制作用的电压或电流称为受控源的控制量。例如，晶体管的集电极电流受到基极电流的控制，因为集电极电流与基极电流成比

例关系；放大电路的输出电压受到输入电压的控制。这种控制作用与独立源的作用不同，需要用受控源模型来描述。

受控源本身不能单独作为电源使用，因为其必须在独立源提供能量（产生控制量）时才能正常工作。受控源本质上反映了电路中某个电压或电流对另一个电压或电流的控制作用，说明被控量与控制量之间存在一种耦合关系。当控制量为 0 时，受控电压源的电压为 0，相当于短路，而受控电流源的电流为 0，相当于开路。

受控源的输出电压或电流与控制它们的电压或电流之间存在正比例关系时，称为线性受控源。受控源是一个二端口元件：由一对输入端钮施加控制量，称为输入端口；一对输出端钮对外提供电压或电流，称为输出端口。

按照受控变量的不同，受控源可分为四类：电压控制的电压源（VCVS）、电压控制的电流源（VCCS）和电流控制的电压源（CCVS）、电流控制的电流源（CCCS）。

为区别于独立源，受控源用菱形符号表示其电源部分，以 u、i 表示控制电压、控制电流，则四种电源的电路符号如图 1-23 所示。四种受控源的端钮伏安关系，即控制关系为

$$\left.\begin{array}{ll} \text{VCVS：} & u = \mu u_1 \\ \text{VCCS：} & i = g u_1 \\ \text{CCVS：} & u = r i_1 \\ \text{CCCS：} & i = \beta i_1 \end{array}\right\} \tag{1-42}$$

式中，μ、r、g、β 分别为有关的控制系数，且均为常数，其中 μ、β 没有量纲，分别称为电压放大系数和电流放大系数；r 具有电阻量纲，称为转移电阻；g 具有电导量纲，称为转移电导。

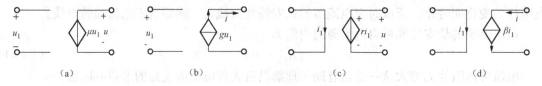

图 1-23 受控源的图形符号

(a) VCVS；(b) VCCS；(c) CCVS；(d) CCCS

受控电压源输出的电压及受控电流源输出的电流，在控制系数、控制电压和控制电流不变的情况下，都是恒定的或是一定的时间函数。

很明显，分析含有受控源的电路比分析同等规模的独立源电路要复杂。所以，在分析含有受控源的电路时，要注意以下几点：

（1）要仔细区分受控源的类型（由图形符号区分）和控制量及控制量所在支路，不要将受控源的类型和其控制量混为一谈。

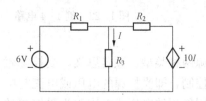

图 1-24 含有受控源的电路

在图 1-24 所示电路中，由符号形式可知，电路中的受控源为电流控制电压源，大小为 $10I$，其单位为伏特而非安培。

（2）受控源也是一种电源，除了其大小待定和不能置零（在求一端口等效电阻或阻抗时）外，在进行分析时都可以按照独立源进行处理，然后补充控制量方程（详见第 3、第 4 章）。

（3）在进行电路等效变换时，要保留所有受控源的控制量所在支路，否则涉及受控源的计算将失去依据。

（4）受控源的工作依赖于独立源，在求含有受控源的一端口等效电阻时，由于该端口内所有独立源都已置零，因此必须用外加独立源法进行求取，否则受控源的电阻或阻抗效应无法体现，更不能将受控源和独立源一样置零（详见第 2 章）。

【例 1 - 5】　电路如图 1 - 25 所示，求 3Ω 电阻上消耗的功率 P。

本例中，由 KCL 及 KVL 可列出含变量 I 和 I_1 的二元一次方程组，解出 I 后即可求出 3Ω 电阻上消耗的功率 P。注意：图中的受控源是受控电压源（由其符号可以看出），其控制量为 3Ω 电阻上的电流 I，不要因为控制量是电流 I 而认为该受控源是受控电流源，否则受控源类型判断错误就会导致计算错误。

解　由 KCL 及 KVL 有

$$\begin{cases} I + I_1 = 3 \\ 3I = 4I_1 + I \end{cases}$$

解得

$$I = 2\mathrm{A}$$

故 3Ω 电阻上消耗的功率为

$$P = I^2 \times 3 = 2^2 \times 3 = 12\mathrm{W}$$

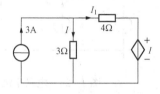

图 1 - 25　例 1 - 5 电路

1.5.3　独立源和受控源的区别

首先，独立源的电压（或电流）由该元件本身决定，总能保持定值或固定的时间函数；而受控源的电压（或电流）受电路中其他支路的电压（或电流）控制，是非独立的。

独立源在电路中起到"激励"的作用，在电路中产生非零的电压、电流；而电路中如果只有受控源和电阻元件，不会产生非零的电压、电流，因此受控源不是"激励"。

从电路符号上也可以将它们区别开来：独立源的图形符号是圆形的，而受控源的图形符号是菱形的；独立源是一种二端元件，而受控源是四端元件（包括控制支路和受控支路）。

1.6　基尔霍夫基本定律

【基本概念】

电荷守恒定律：电荷既不能被创造，也不能被消灭，只能从一个物体转移到另一个物体，或者从物体的一部分转移到另一部分；在转移的过程中，电荷的总量保持不变，当一个系统与外界没有电荷交换时，系统电荷的代数和总是保持不变。

电流连续性原理：在导体内任取一闭合曲面 S，根据电荷守恒定律，单位时间由闭合曲面 S 内流出的电量，必定等于在同一时间内闭合曲面 S 所包围的电量的减少。

能量守恒定律：能量既不会凭空产生，也不会凭空消灭，它只能从一种形式转化为其他形式，或者从一个物体转移到另一个物体，在转化或转移的过程中，能量的总量不变。

【引入】

电荷在电路中定向运动会产生电流，进而在元件（或支路）上产生电压，而且电场力是保守力，那么电荷守恒定律和能量守恒定律在电路中的宏观体现是什么呢？这种体现又会对人们分析电路带来什么样的帮助呢？

在电路分析计算中，其依据来源于两种电路规律，一种是各类理想电路元件的伏安特性，这一点取决于元件本身的电磁性质，即各元件的伏安关系，与电路连接状况无关；另一种是与电路的结构及连接状况有关的定律，而与组成电路的元件性质无关。基尔霍夫定律就是表达电压、电流在结构方面的规律和关系的。

1.6.1　常用电路术语

基尔霍夫定律是与电路结构有关的定律，在研究基尔霍夫定律之前，先介绍几个有关的常用电路术语。

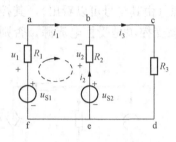

图 1-26　电路举例

支路：任意两个节点之间无分叉的分支电路称为支路，如图 1-26 所示电路中的 bafe 支路、be 支路和 bcde 支路。

节点：电路中，三条或三条以上支路的汇交点称为节点，如图 1-26 所示电路中的 b 点和 e 点。

回路：电路中由若干条支路构成的任一闭合路径称为回路，如图 1-26 所示电路中 abefa 回路、bcdeb 回路和 abcdefa 回路。

网孔：不包围任何支路的单孔回路称为网孔，如图 1-26 所示电路中 abefa 回路和 bcdeb 回路，而 abcdefa 回路不是网孔。网孔一定是回路，而回路不一定是网孔。

1.6.2　基尔霍夫电流定律

基尔霍夫电流定律（KCL）是反映电路中任意节点上各支路电流之间关系的定律。其内容为：在集总参数电路中，对于任意节点，在任意时刻，流过该节点的电流之和恒等于0。其数学表达式为

$$\sum i_k = 0 \tag{1-43}$$

如果选定电流流出节点为正，流入节点为负，如图 1-26 的 b 节点，有

$$-i_1 - i_2 + i_3 = 0$$

变换得

$$i_1 + i_2 = i_3$$

所以，基尔霍夫电流定律还可以表述为：在集总参数电路中，对于任意节点，在任意时刻，流入该节点的电流总和等于从该节点流出的电流总和，即

$$\sum i_入 = \sum i_出 \tag{1-44}$$

KCL 不仅适用于电路中的任一节点，而且可推广应用于广义节点，即包围部分电路的任一闭合面。可以证明流入或流出任一闭合面电流的代数和为 0。

在图 1-27 所示电路中，对于点画线所包围的闭合面，可以证明有如下关系

$$-I_a + I_b + I_c = 0$$

基尔霍夫电流定律是电路中连接到任一节点的各支路电流必须遵守的约束，而与各支路上的元件性质无关。这一定律对于任何电路都普遍适用。

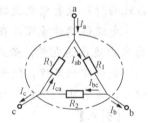

图 1-27　广义节点

1.6.3 基尔霍夫电压定律

基尔霍夫电压定律（KVL）是反映电路中各支路电压之间关系的定律，可表述为：在集总参数电路中，对于任一回路，在任一时刻，沿着一定的绕行方向（沿顺时针方向或逆时针方向）绕行一周，各段电压的代数和恒为 0，其数学表达式为

$$\sum u_k = 0 \tag{1-45}$$

在图 1-26 所示闭合回路中，沿 abefa 顺序绕行一周，则有

$$-u_{S1} + u_1 - u_2 + u_{S2} = 0$$

式中，u_{S1} 之前之所以加负号，是因为按规定的绕行方向，由电源负极到正极，属于电位升；u_2 的参考方向与 i_2 相同，与绕行方向相反，所以也是电位升；u_1 和 u_{S2} 与绕行方向相同，是电位降。当然，各电压本身还存在数值的正负问题，这是需要注意的。

由于 $u_1 = R_1 i_1$ 和 $u_2 = R_2 i_2$，代入上式有

$$-u_{S1} + R_1 i_1 - R_2 i_2 + u_{S2} = 0$$

或

$$R_1 i_1 - R_2 i_2 = u_{S1} - u_{S2}$$

这时，基尔霍夫电压定律可表述为：在集总参数电路中，对于任一回路，在任一时刻，沿着一定的绕行方向（沿顺时针方向或逆时针方向）绕行一周，电阻元件上电压降之和恒等于电源电压升之和，其表达式为

$$\sum R_k i_k = \sum u_{Sk} \tag{1-46}$$

按式（1-46）列回路电压平衡方程式时，当绕行方向与电流方向一致时，则该电阻上的电压取"+"，否则取"−"；当从电源负极绕行到正极时，该电源电压取"+"，否则取"−"。

> 📖 **注 意**
>
> 应用 KVL 时，首先要标出电路各部分的电流、电压的参考方向及回路绕行方向；列电压方程时，一般约定电阻的电流方向和电压方向一致。

KVL 不仅适用于闭合电路，而且可推广到开口电路，如在图 1-28 所示开口电路中，有

$$U = 2I + 4$$

KCL 和 KVL 是集总电路的两个约束，对任何电路都适用。其中，KCL 对支路电流施加线性约束，KVL 则对支路电压施加线性约束，它们对支路的构成元件性质没有限制，无论元件是线性还是非线性的，是时变还是非时变的，KCL 和 KVL 都成立。所以，KCL 和 KVL 是分析和求解电路的基本工具。对简单电路

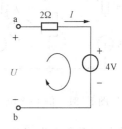

图 1-28 开口电路

可直接使用 KCL 和 KVL 进行求解，但对较复杂的电路则需用在其基础上演化出来的高级算法（如后面要介绍的回路电流法、节点电压法等），以提高计算效率。

【例 1-6】 求图 1-29 所示电路中电压源、电流源及电阻的功率（须说明是吸收还是发出），并检验电路的功率是否平衡。

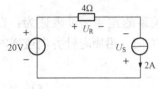

图 1-29　例 1-6 电路

解　由图 1-29 所示电路可得

$$U_R = 4 \times 2 = 8(V)$$

$$U_S = U_R - 20 = 8 - 20 = -12(V)$$

所以电压源的功率为

$$P_V = -20 \times 2 = -40(W)(发出 40W)$$

电流源的功率为

$$P_C = -(-12) \times 2 = 24(W)(吸收 24W)$$

电阻的功率为

$$P_R = 8 \times 2 = 16(W)(吸收 16W)$$

由以上结果可知，电路发出的功率为 $P = P_V = 40W$，吸收的功率为 $P' = P_C + P_R =$ 40W，因为 $P = P'$，所以电路的功率是平衡的。事实上，所有电路的功率都是平衡的，否则就会违反能量守恒原理。

【**例 1-7**】　求图 1-30 所示电路中电压源、电流源及电阻的功率（须说明是吸收还是发出）。

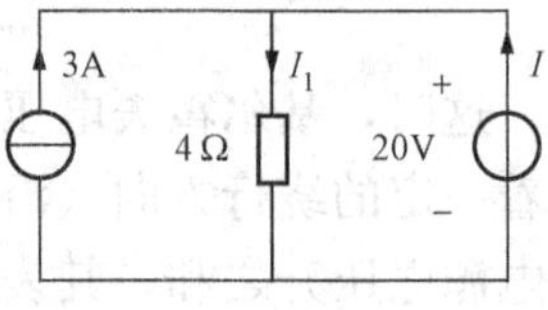

解　由欧姆定律及 KCL，有

$$I_1 = \frac{20}{4} = 5(A)$$

$$I = I_1 - 3 = 5 - 3 = 2(A)$$

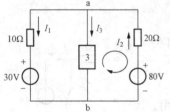

图 1-30　例 1-7 电路

所以，电压源的功率为

$$P_V = -20 \times 2 = -40(W)(发出 40W)$$

电流源的功率为

$$P_C = -20 \times 3 = -60(W)(发出 60W)$$

电阻的功率为

$$P_R = 5^2 \times 4 = 100(W)(吸收 100W)$$

【**例 1-8**】　在图 1-31 所示电路中，$I_1 = 3A$，$I_2 = 1A$。试确定电路元件 3 的电流 I_3 和其两端电压 U_{ab}，并说明它是电源还是负载。

解　根据 KCL，对于节点 a 有

$$I_1 - I_2 + I_3 = 0$$

代入数值，得

$$3 - 1 + I_3 = 0$$

解得

$$I_3 = -2A$$

图 1-31　例 1-8 电路

根据 KVL 和图 1-31 右侧网孔所示绕行方向，可列写回路的电压平衡方程式为

$$-U_{ab} - 20I_2 + 80 = 0$$

代入数值，得

$$U_{ab} = 60V$$

显然，元件 3 两端电压和流过它的电流实际方向相反，是产生功率的元件，即实际为电源。

1.7　实际应用举例——混合电池（超级电容器件）

数字蜂窝电话和卫星电话具有两个基本工作模式：接收模式和发送模式。典型的信号接收并不要求电池提供大的电流，发送却需要较大电流，但用于发送的时间通常只占这种设备总工作时间的一小部分，如图1-32所示。

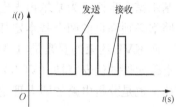

图1-32　数字蜂窝电话和卫星电话工作模式

电池仅能在小电流时保持恒定电压，因此，当需要较大电流时，电池电压将下降，这样会产生一些问题。因为大多数电路具有一个最低的工作电压，称为截止电压，当工作电压低于截止电压时，电路不能正常工作。

如果电路吸收电流的最大值使得电池电压降到截止电压以下，则需要更换容量更大的电池，但对于便携式设备来说，通常要求使用小而轻的电池。另一种办法是使用一种混合器件，这种器件由一个标准电池和一个经过特别设计的电容（电化学电容或超级电容）组成，如图1-33所示。

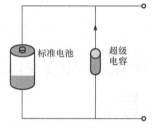

图1-33　混合电池电路

混合电池的工作原理：接收模式下，电池向电路输出电流，同时向电容充电，如果电路需要电池提供较大电流（如电话处于发送模式），将会造成电池电压的下降，然而由于电容两端电压的变化率增加，由 $i = C\dfrac{\mathrm{d}u}{\mathrm{d}t}$ 可知，电容的输出电流由0开始上升，如果外电路的等效电阻远小于电源内阻，则该电流将流向电话电路，而不是流向电池，从而有效地辅助了电池，防止了电路的截止。

小　　结

本章主要介绍了电路的基本变量、电路元件和基尔霍夫定律等内容。这些内容是分析电路工作状态的基本依据，也是本书后续内容的基础，应予以足够重视，在理解的基础上多做练习和总结，才能掌握其本质。

本章的主要内容可总结如下：

1. 电压、电流及其（关联）参考方向及功率的计算

要遵循"先标注，后计算"的原则对待电压和电流（简单情况下也可不标注），特别要注意电压和电流的关联参考方向，因为电阻、电容、电感的伏安特性及功率的表达式都是电压和电流在关联参考方向下得出的（否则表达式中有负号）。

2. 电阻、电容和电感的伏安特性

要在理解的基础上掌握它们的伏安特性，并能正确应用。

3. 理想电源

理想电源有理想独立源和理想受控源之分。独立源有独立电压源和独立电流源两种类型，要掌握它们的外特性（伏安特性）、功率及内阻等内容。受控源有四种类型，要能够由

其图形符号和控制量正确辨认出其类型，且不能将其控制量与类型混为一谈，否则会造成计算错误。受控源除了不能独立工作和其大小是某个支路（元件）电压或电流的线性函数外，其他性质与独立源相同。要注意理想电源的功率计算及其正负号的含义。理解短路与开路的概念与特点。

4. 基尔霍夫定律

基尔霍夫定律分为基尔霍夫电流定律（KCL）和基尔霍夫电压定律（KVL），它们是任何电路都必须满足的两个基本定律。KCL 约束的要素是电路中的节点及其与之关联的支路电流，而 KVL 约束的要素是电路中的回路及其包含的支路（元件）电压。

电路元件的伏安特性（VCR）和基尔霍夫定律（KCL 和 KVL）构成电路分析的两大基本定律，也是分析电路的两大理论依据，在今后的学习中会经常用到。

 习　　　题

1-1　在指定的电压 u 和电流 i 的参考方向下，写出下述各元件的伏安特性关系。

(1) $R=10\text{k}\Omega$（u、i 为关联参考方向）；

(2) $L=20\text{mH}$（u、i 为非关联参考方向）；

(3) $C=10\mu\text{F}$（u、i 为关联参考方向）。

1-2　在图 1-34 指定的电压 u 和电流 i 参考方向下，写出下列各元件的伏安特性关系。

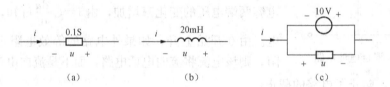

图 1-34　题 1-2 图

1-3　求图 1-35 所示电路中，开关 S 断开和闭合两种情况下 A 点的电位。

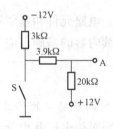

图 1-35　题 1-3 图

1-4　各元件的电压、电流和消耗功率如图 1-36 所示，试确定图中指出的未知量。

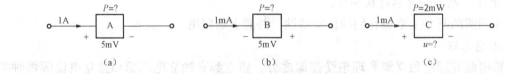

图 1-36　题 1-4 图

1-5 求图 1-37 所示电路中电阻上的电压和各电源发出的功率。

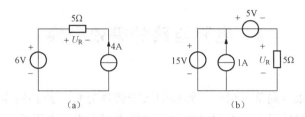

图 1-37 题 1-5 图

1-6 求图 1-38 所示电路中各独立源吸收的功率。

1-7 在图 1-39 所示电路中，已知 15Ω 电阻上的电压降为 30V，其极性如图所示。求 B 点电位及 R 的值。

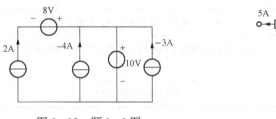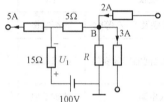

图 1-38 题 1-6 图   图 1-39 题 1-7 图

1-8 试写出图 1-40 所示电路中 u_{ab} 和电流 i 的关系式。

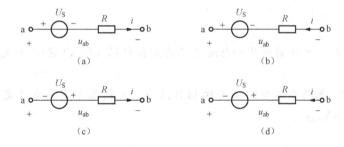

图 1-40 题 1-8 图

1-9 电路如图 1-41 所示，试求电流 i_1 和 u_{ab}。

1-10 图 1-42 所示电路中，已知 $R=2\Omega$，$i_1=1$A。求电流 i。

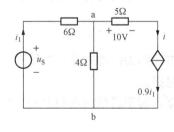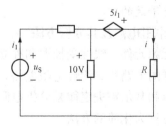

图 1-41 题 1-9 图   图 1-42 题 1-10 图

2　电阻电路的等效变换

由于依据两类约束（局部约束——元件的伏安特性方程，拓扑约束——基尔霍夫定律）直接列写方程的未知量数目多，方程规模大，常给求解方程带来困难，因此通常情况下并不直接使用这些方程。本章主要介绍电阻电路的等效变换。

【教学要求及目标】

知识要点	目标与要求	相关知识	掌握程度评价
等效变换	理解	电源、负载、端口	
电阻的串、并联及 Y-△ 等效	熟练掌握	电压、电流及其参考方向，欧姆定律	
两种实际电源之间的等效变换	熟练掌握	含源单口网络的电源电压与输出电压、电源电流及输出电流	
输入电阻	熟练掌握	受控源的特性方程	

2.1　等效变换的概念

【基本概念】

元件的约束方程：元件的电压和电流满足的关系方程（即 VCR），如电阻的电压、电流满足欧姆定律等。

基尔霍夫定律：集总参数电路满足的拓扑约束，包括基尔霍夫电流定律（KCL）和基尔霍夫电压定律（KVL）。

【引入】

在中学物理课中学过，两个电阻串联，可以用一个电阻（阻值等于两串联电阻之和）来等效替代；两个电阻并联，也可以用一个电阻（阻值等于两并联电阻之积除以两并联电阻之和）来等效替代，并且给出了串联分压和并联分流公式。那么如果多个电阻串联或并联，是否也可以用一个电阻来等效替换呢？到底什么样的两个部分电路可以等效替换？又是对哪部分电路来说是等效的？

2.1.1　电阻电路及其分析方法

由线性无源元件、线性受控源和独立源组成的电路称为线性电路。当线性无源元件仅为电阻时，这样的电路称为线性电阻电路，简称电阻电路。

欧姆定律和基尔霍夫定律是分析电阻电路的依据。对于简单的电阻电路，常采用等效变换的方法，也称为化简的方法。

本节着重介绍等效变换的概念。等效变换的概念在电路理论中广泛应用。等效变换是指将电路中的某部分用另一种电路结构与元件参数代替后，不影响原电路中未作变换的任何一条支路中的电压和电流。在学习过程中，应首先弄清楚等效变换的概念，了解这个概念是根据什么引出的，然后研究具体情况下的等效变换方法。

2.1.2 单口网络

1. 单口网络的定义

单口网络又称为二端网络或一端口网络，它指向外引出两个端子，且从一个端子流入的电流等于从另一端子流出的电流。

2. 单口网络的种类

根据内部是否包含独立源，可以将单口网络分为无源单口网络 [用 N_0 表示，见图 2-1（a）] 和有源单口网络 [用 N_S 表示，见图 2-1（b）]。

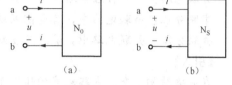

图 2-1 单口网络

(a) 无源单口网络；(b) 有源单口网络

2.1.3 电路的等效变换

对于两个单口网络 A 和 B，如果它们对外表现出相同的伏安特性，即 $u_A = f(i_A)$ 与 $u_B = f(i_B)$ 相同，则对外部而言，单口网络 A 与单口网络 B 互为等效，如图 2-2 所示。

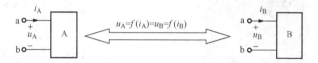

图 2-2 网络 A 和网络 B 等效

相互等效的两部分电路 A 与 B 在电路中可以相互代换，代换前的电路和代换后的电路对任意外电路 C 的电流、电压和功率是等效的，如图 2-3 所示。

图 2-3 网络 A 和网络 B 等效

注 意

上述等效用以求解 C 部分电路中的电流、电压和功率，若求左图中 A 部分电路中的电流、电压和功率，则不能用右图等效电路来求。因为 A 电路和 B 电路对于 C 电路来说是等效的，但 A 电路和 B 电路本身是不相同的。

由以上分析，可以得出下面的结论。

（1）电路等效变换的条件：两电路具有相同的端口伏安特性（VCR）。

（2）电路等效变换的对象：未变化的外电路 C 中的电压、电流和功率。即电路的等效是对外部而言的，两个对外互为等效的电路，它们的内部并不一定等效。

（3）电路等效变换的目的：化简电路，方便计算。通过电路的等效变换，将复杂电路等效成简单电路，可以容易地求取分析结果。

2.2 电阻串并联及 Y–△等效变换

【基本概念】

串联电路：将元件在电路中逐个顺次串接起来构成的电路。

并联电路：将元件在电路中逐个并列连接起来构成的电路。

串联分压：串联电路中，各电阻两端电压与其阻值成正比。

并联分流：并联电路中，流过各支路的电流与其阻值成反比。

【引入】

在电路结构复杂、支路较多的情况下，通常可以将不包含待求电压或电流的部分电路加以等效化简。例如，单臂电桥电路的实物图、原理图分别如图 2-4（a）和图 2-4（b）所示。那么在电桥平衡和不平衡时，该如何化简该电桥电路呢？

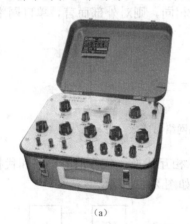
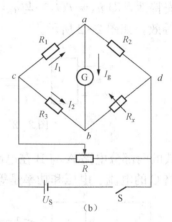

（a）   （b）

图 2-4　单臂电桥电路

（a）实物图；（b）原理图

电阻的等效变换包括：

（1）将若干个串联的电阻用一个电阻来等效（该电阻称为这若干个串联电阻的等效电阻）；

（2）将若干个并联的电阻等效变换成一个电阻；

（3）将若干个混联的电阻等效变换成一个电阻；

（4）△联结电阻与 Y 联结电阻之间的等效变换。

2.2.1 电阻串联的等效变换

当各元件与元件首尾相连时称其为串联，如图 2-5（a）所示。串联电路的特点是流过各元件的电流为同一电流。

根据 KVL，电阻串联电路的端口电压等于各电阻电压的叠加和，即

$$u = u_1 + u_2 + \cdots + u_n = \sum_{k=1}^{n} u_k$$

而

$$u_k = R_k i$$

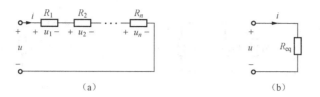

图 2-5　电阻的串联等效

(a) n 个电阻串联；(b) 等效电阻

所以
$$u = R_1 i + R_2 i + \cdots + R_n i = (R_1 + R_2 + \cdots + R_n)i = R_{\text{eq}} i$$
其中
$$R_{\text{eq}} = R_1 + R_2 + \cdots + R_n = \sum_{i=1}^{n} R_k \qquad (2-1)$$

由图 2-5 可知，n 个电阻的串联电路可以等效为只含有一个电阻的电路，只要这些电阻满足式（2-1）即可。称 R_{eq} 为 n 个电阻串联时的等效电阻［见图 2-5 (b)］，有时又称为总电阻。由式（2-1）可知，电阻的串联使总电阻增大，且总电阻大于每一个串联电阻。

第 k 个电阻分得的电压为
$$u_k = R_k i = \frac{R_k}{R_{\text{eq}}} u \qquad (2-2)$$

式（2-2）称为电阻串联电路的分压公式。它表明，在串联电路中，电阻的电压与总电压成正比，对于总电压 u 不变的情形（如理想电压源的端电压），当等效电阻不变时，该电阻越大，其分得的电压也越大；该电阻越小，其分得的电压也越小。

在串联电路的计算中，最常遇到的情形是两个电阻的串联电路，如图 2-6 所示。其等效电阻为
$$R_{\text{eq}} = R_1 + R_2$$
其分压公式为
$$u_1 = \frac{R_1}{R_1 + R_2} u$$

图 2-6　两个电阻串联

$$u_2 = \frac{R_2}{R_1 + R_2} u$$

在图 2-5 中，电路吸收的总功率为
$$p = ui = (u_1 + u_2 + \cdots + u_n)i = p_1 + p_2 + \cdots + p_n = \sum_{k=1}^{n} p_k \qquad (2-3)$$
即电阻串联电路消耗的总功率等于各电阻消耗功率的总和。

2.2.2　电阻并联的等效变换

当 n 个电阻并联时，其电路如图 2-7 (a) 所示。并联电路的特点是各元件上的电压相等，均为 u。

根据 KCL 可知
$$i = i_1 + i_2 + \cdots + i_n = \sum_{k=1}^{n} i_k$$

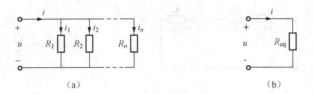

图 2-7　电阻的并联等效

(a) n 个电阻并联；(b) 等效电阻

而

$$i_k = \frac{u}{R_k}$$

所以

$$i = \frac{u}{R_1} + \frac{u}{R_2} + \cdots + \frac{u}{R_n} = \left(\frac{1}{R_1} + \frac{1}{R_2} + \cdots + \frac{1}{R_n}\right)u = \frac{u}{R_{eq}}$$

其中

$$\frac{1}{R_{eq}} = \frac{1}{R_1} + \frac{1}{R_2} + \cdots + \frac{1}{R_n} = \sum_{k=1}^{n}\frac{1}{R_k}$$

或

$$R_{eq} = \frac{1}{\dfrac{1}{R_1} + \dfrac{1}{R_2} + \cdots + \dfrac{1}{R_n}} = \frac{1}{\displaystyle\sum_{k=1}^{n}\frac{1}{R_k}} \tag{2-4}$$

由图 2-7 可知，n 个电阻的并联电路可以等效为只含有一个电阻的电路，只要这些电阻满足式（2-4）即可。由式（2-4）可知，电阻的并联使总电阻减小，且总电阻小于每一个并联电阻。

由于电阻的倒数为电导，因此式（2-4）也可表示为

$$G_{eq} = G_1 + G_2 + \cdots + G_n = \sum_{k=1}^{n} G_k \tag{2-5}$$

即 n 个电导并联的总电导等于各电导之和。电导 G_{eq} 是 n 个电阻并联时的等效电导，又称为端口的输入电导。

分配到第 k 个电阻上的电流为

$$i_k = G_k u = \frac{G_k}{G_{eq}} i \tag{2-6}$$

式（2-6）称为电阻并联电路的分流公式。它表明，在并联电路中，电阻的电流与总电流成正比，对于总电流 i 不变的情形（如理想电流源的输出电流），当等效电阻不变时，该电阻越大，其分得的电流越小；该电阻越小，其分得的电流越大。

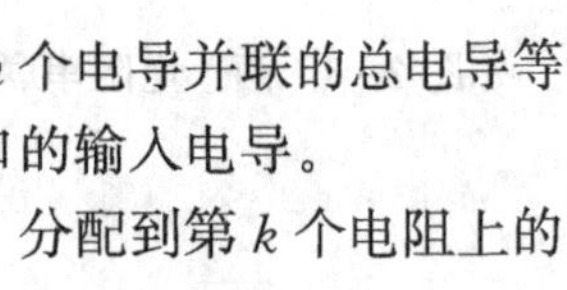

两个电阻并联的电路如图 2-8 所示。其等效电阻为

图 2-8　两个电阻并联

$$R_{eq} = \frac{1}{\dfrac{1}{R_1} + \dfrac{1}{R_2}} = \frac{R_1 R_2}{R_1 + R_2}$$

其分流公式为

$$i_1 = \frac{R_2}{R_1 + R_2}i$$

$$i_2 = \frac{R_1}{R_1 + R_2}i$$

图 2-7 中，电路吸收的总功率为

$$p = ui = u(i_1 + i_2 + \cdots + i_n) = p_1 + p_2 + \cdots + p_n = \sum_{k=1}^{n} p_k$$

即电阻并联电路消耗的总功率等于各电阻消耗功率的总和。

2.2.3　电阻混联的等效变换

既有电阻串联又有电阻并联的电阻电路称为电阻混联电路。

将电阻混联电路等效变换为一个电阻电路的方法是：改画原电路，以清晰体现电阻之间的串联与并联，然后化简局部串联电阻和并联电阻，直到得到一个等效电阻为止。

求解串、并联电路电压、电流的一般步骤如下：

（1）求出等效电阻或等效电导；

（2）应用欧姆定律求出总电压或总电流；

（3）应用欧姆定律或分压、分流公式求各电阻上的电流和电压。

因此，分析串、并联电路的关键问题是判别电路的串、并联关系。

判别电路的串、并联关系的基本方法如下：

（1）看电路的结构特点。若两电阻首尾相连就是串联，若首首、尾尾相连就是并联。

（2）看电压电流关系。若流经两电阻的电流是同一个电流，即串联；若两电阻上承受的是同一个电压，即并联。

（3）对电路作等效变换。例如，将左侧的支路可以翻到右侧，上面的支路可以翻到下面，弯曲的支路可以拉直等；电路中的短线路可以任意压缩与伸长；接地的多点之间可以用短路线相连。

（4）找出等电位点。对于具有对称特点的电路，若能判断某两点是等电位点，则根据电路等效的概念，一是可以用短路线将等电位点相连；二是将联结等电位点的支路断开（因支路中无电流），从而得到电阻的串、并联关系。

【例 2-1】　求图 2-9 所示各电路中 ab 端的等效电阻 R_{ab}。

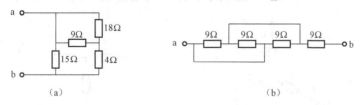

图 2-9　例 2-1 电路

解　对于图 2-9（a）所示电路，通过观察可知，9Ω 电阻与 18Ω 电阻并联，再与 4Ω 电阻串联，最后与 15Ω 电阻并联；对于图 2-9（b）所示电路，通过观察可知，左侧三个电阻并联后与最右侧的电阻串联。所以图 2-9（a）所示电路的等效电路如图 2-10（a）所示。

其等效电阻为

$$R_{ab} = [(9 \mathbin{/\!/} 18) + 4] \mathbin{/\!/} 15 = (6 + 4) \mathbin{/\!/} 15 = 10 \mathbin{/\!/} 15 = 6(\Omega)$$

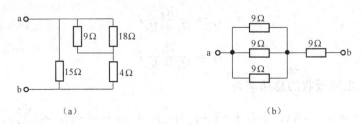

图 2-10　例 2-1 图解

图 2-9（b）所示电路的等效电路如图 2-10（b）所示。其等效电阻为

$$R_{ab} = (9 /\!/ 9 /\!/ 9) + 9 = 3 + 9 = 12(\Omega)$$

注　意

"$/\!/$"表示电阻的并联运算。

2.2.4　电阻的△联结与Y联结的等效互换

1. 电阻的三角形（△）与星形（Y）联结

图 2-11 所示电路的各电阻既非串联又非并联。若求 ab 间的等效电阻，则无法再利用电阻串联、并联的计算方法进行简单求解。

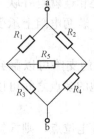

图 2-11　电阻的
桥式结构

当三个电阻的一端接在公共节点上，而另一端分别接在电路的其他三个节点上时，这三个电阻的连接关系称为星形（Y）联结。图 2-11 所示电路中的电阻 R_1、R_5、R_3 是星形（Y）联结，R_2、R_5、R_4 的连接形式也是星形（Y）联结。图 2-12 所示电路中的三个电阻都是 Y 联结。

当三个电阻首尾相连，并且三个连接点又分别与电路的其他部分相连时，这三个电阻的联结关系称为三角形（△）联结。图 2-11 所示电路中的电阻 R_1、R_2、R_5 是三角形（△）联结，R_3、R_4、R_5 也是三角形（△）联结。图 2-13 所示电路中的三个电阻都是△联结。

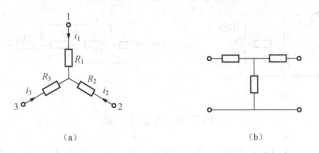

图 2-12　电阻的 Y 联结

2. Y 联结与△联结的等效变换

（1）变换关系。电阻的 Y 联结和△联结都分别有三个端子与电路的其他部分相连。当两个电路的电阻之间满足一定关系时，它们在端子 1、2、3 上及端子以外的特性可以相同，

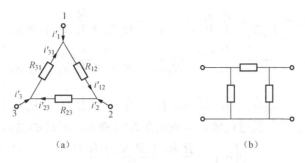

图 2-13　电阻的△联结

即它们可以等效变换。如果在它们的对应端子之间具有相同的电压 u_{12}、u_{23} 和 u_{31}，而流入对应端子的电流分别相等。很明显，两个电路只要满足这个等效原则，它们对外电路的影响就完全相同，即从外电路的角度来看，它们是完全相同的电路，尽管它们的内部结构并不相同。总之，电阻的 Y 联结与△联结之间的等效只是对外等效，而对内不等效，因为它们的内部结构不一样。

如图 2-14 所示，Y 电阻网络与△电阻网络的对应端口电压分别为 u_{12}、u_{23} 和 u_{31}，对应的端子电流分别为 i_1、i_2 和 i_3，显然，它们彼此等效。下面将推导出这两种不同电阻网络等效时，各自电阻之间应满足的关系。

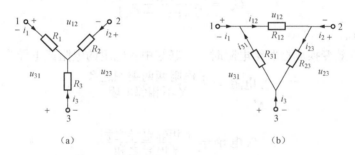

图 2-14　Y 联结和△联结的等效变换

(a) Y 联结；(b) △联结

对于△联结电路，根据 KCL 及 KVL 可得

$$\left.\begin{aligned}
i_1 &= i_{12} - i_{31} = \frac{u_{12}}{R_{12}} - \frac{u_{31}}{R_{31}} \\
i_2 &= i_{23} - i_{12} = \frac{u_{23}}{R_{23}} - \frac{u_{12}}{R_{12}} \\
i_3 &= i_{31} - i_{23} = \frac{u_{31}}{R_{31}} - \frac{u_{23}}{R_{23}}
\end{aligned}\right\} \qquad (2-7)$$

图 2-14 (a) 所示电路中，用电流表示电压，经推导有

$$\left\{\begin{aligned}
u_{12} &= R_1 i_1 - R_2 i_2 \\
u_{23} &= R_2 i_2 - R_3 i_3 \\
u_{31} &= R_3 i_3 - R_1 i_1
\end{aligned}\right.$$

可以解得电流为

$$\left.\begin{aligned} i_1 &= \frac{R_3 u_{12}}{R_1 R_2 + R_2 R_3 + R_3 R_1} - \frac{R_2 u_{31}}{R_1 R_2 + R_2 R_3 + R_3 R_1} \\ i_2 &= \frac{R_1 u_{23}}{R_1 R_2 + R_2 R_3 + R_3 R_1} - \frac{R_3 u_{12}}{R_1 R_2 + R_2 R_3 + R_3 R_1} \\ i_3 &= \frac{R_2 u_{31}}{R_1 R_2 + R_2 R_3 + R_3 R_1} - \frac{R_1 u_{23}}{R_1 R_2 + R_2 R_3 + R_3 R_1} \end{aligned}\right\} \tag{2-8}$$

根据等效互换的条件，通过比较，得到由 Y 联结变为△联结的关系式为

$$\left\{\begin{aligned} R_{12} &= \frac{R_1 R_2 + R_2 R_3 + R_3 R_1}{R_3} \\ R_{23} &= \frac{R_1 R_2 + R_2 R_3 + R_3 R_1}{R_1} \\ R_{31} &= \frac{R_1 R_2 + R_2 R_3 + R_3 R_1}{R_2} \end{aligned}\right.$$

或

$$\left.\begin{aligned} G_{12} &= \frac{G_1 G_2}{G_1 + G_2 + G_3} \\ G_{23} &= \frac{G_2 G_3}{G_1 + G_2 + G_3} \\ G_{31} &= \frac{G_3 G_1}{G_1 + G_2 + G_3} \end{aligned}\right\} \tag{2-9}$$

（2）记忆公式。

Y 联结电阻等效变换成△联结电阻时，△联结中各电阻的电阻或电导为

$$\triangle\text{电阻} = \frac{\text{Y 电阻两两乘积之和}}{\text{Y 不相邻电阻}}$$

或

$$\triangle\text{电导} = \frac{\text{Y 相邻电导之积}}{\text{Y 电导之和}}$$

同理，也可得到由△联结转换到 Y 联结的关系式，即

$$\left.\begin{aligned} R_1 &= \frac{R_{31} R_{12}}{R_{12} + R_{23} + R_{31}} \\ R_2 &= \frac{R_{12} R_{23}}{R_{12} + R_{23} + R_{31}} \\ R_3 &= \frac{R_{23} R_{31}}{R_{12} + R_{23} + R_{31}} \end{aligned}\right\} \tag{2-10}$$

△联结电阻等效变换成 Y 联结电阻时，Y 联结中各电阻的电阻值为

$$\text{Y 电阻} = \frac{\triangle\text{相邻电阻之积}}{\triangle\text{电阻之和}}$$

特别地，若 Y 联结或△联结的三个电阻相等，即 $R_1 = R_2 = R_3 = R_Y$ 或 $R_{12} = R_{23} = R_{31} = R_\triangle$，则有 $R_\triangle = 3R_Y$ 或 $R_Y = R_\triangle / 3$。

（3）结论。

1）△-Y 联结的等效变换属于多端子电路的等效，在应用中，除了正确使用电阻变换公式计算各电阻值外，还必须正确连接各对应端子。

2）等效是对外部（端子以外）电路等效，对内不成立。

3）等效电路与外部电路无关。

4）等效变换用于简化电路，因此不要把本是串、并联的问题看作△、Y结构进行等效变换，那样会使问题的计算更复杂。

【例2-2】 求图2-15所示电阻电路的等效电阻 R_{eq}。

解 方法1：将节点 a、c、d 内的△电路［见图2-16（a）］用等效的Y电路替代，得到图2-16（b）所示电路，其中

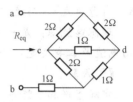

图 2-15 例 2-2 电路

$$R_a = \frac{2 \times 2}{2+2+1} = 0.8(\Omega)$$

$$R_c = \frac{2 \times 1}{2+2+1} = 0.4(\Omega)$$

$$R_d = \frac{2 \times 1}{2+2+1} = 0.4(\Omega)$$

然后用串并联的方法，得到图2-16（c）所示电路，从而求得

$$R_{eq} = 0.8 + [(0.4+2)\,/\!/\,(0.4+1)] + 1 \approx 2.684(\Omega)$$

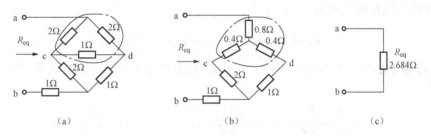

（a）　　　　　（b）　　　　　（c）

图 2-16 例 2-2△→Y

方法2：将图2-17（a）所示电路中点画线部分的Y电阻用等效的△电路替代，得到图2-17（b）所示电路，其中

$$R_{ac} = \frac{2 \times 1 + 1 \times 1 + 1 \times 2}{1} = 5(\Omega)$$

$$R_{cb} = \frac{2 \times 1 + 1 \times 1 + 1 \times 2}{2} = 2.5(\Omega)$$

$$R_{ba} = \frac{2 \times 1 + 1 \times 1 + 1 \times 2}{1} = 5(\Omega)$$

然后用串并联的方法，得到图2-17（c）所示电路，从而求得

$$R_{eq} = \{[(2\,/\!/\,5)+(2\,/\!/\,2.5)]\,/\!/\,5\} + 1 \approx 2.684(\Omega)$$

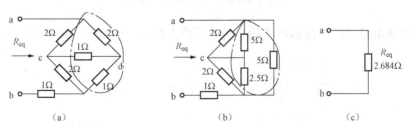

（a）　　　　　（b）　　　　　（c）

图 2-17 例 2-2Y→△

2.3　电源的等效变换

【基本概念】

理想电压源：是一个二端有源元件，其端电压总能保持恒定或为固定的时间函数（由电压源自身决定），与流过它的电流及外电路无关。

理想电流源：是一个二端有源元件，它提供的电流总能保持恒定或为固定的时间函数（由电流源本身决定），与其端电压及外电路无关。

【引入】

实际生产和生活中，总是将几个电压源串联使用（如手电筒的电源，通常是几节干电池的串联）。那么，电压源串联后的电压和电流如何计算？电压源能不能并联使用？电流源是否也可以串联或并联？电流源串联或并联后的电压和电流如何计算？

2.3.1　电压源的串联与并联等效变换

图 2 - 18（a）所示为 n 个电压源的串联，可以用图 2 - 18（b）所示的一个电压源等效替代，这个等效电压源的电压为

$$u_S = u_{S1} + u_{S2} + \cdots + u_{Sn} = \sum_{k=1}^{n} u_{Sk}$$

若 u_{Sk} 的参考方向与图 2 - 18（b）中所示 u_S 的参考方向一致，则前面取"+"，不一致时取"-"。

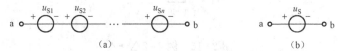

图 2 - 18　电压源的串联

(a) n 个电压源串联；(b) 等效电压源

只有电压相等且极性一致的电压源才允许并联［见图 2 - 19（a）］，其中 $u_{S1} = u_{S2} = \cdots = u_{Sn} = u_S$，并且可等效成一个电压相同的电压源［见图 2 - 19（b）］。

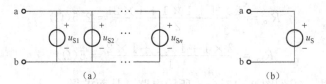

图 2 - 19　电压源的并联

(a) n 个电压源并联；(b) 等效电压源

任意电路或电路元件（包括电流源）与电压源并联可等效成一个电压源（见图 2 - 20）。

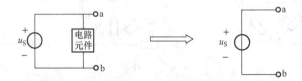

图 2 - 20　任意元件与电压源并联的等效变换

注　意

　　电压源并联时，每个电压源中的电流是不确定的；不同值或不同极性的电压源是不允许并联的，否则违反 KVL。

2.3.2　电流源的并联与串联等效变换

图 2-21（a）所示为 n 个电流源并联，可以等效成一个电流源［见图 2-21（b）］，这个等效电流源的电流为

$$i_S = i_{S1} + i_{S2} + \cdots + i_{Sn} = \sum_{k=1}^{n} i_{Sk}$$

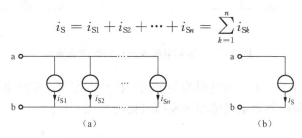

图 2-21　电流源的并联

（a）n 个电流源并联；（b）等效电流源

若 i_{Sk} 的参考方向与 i_S 的方向一致，则前面取 "+"，不一致时取 "−"。

只有电流相等且输出方向一致的电流源才允许串联，并且可等效成一个电流相同的电流源（见图 2-22，其中 $i_{S1} = i_{S2} = \cdots = i_{Sn} = i_S$）。

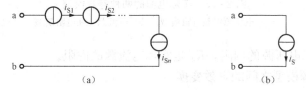

图 2-22　电流源的串联

（a）n 个电流源串联；（b）等效电流源

任意支路或电路元件（包括电压源）与电流源串联可等效成一个电流源，如图 2-23 所示。

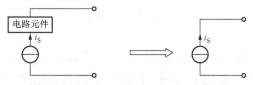

图 2-23　电流源与任意元件串联的等效变换

注　意

　　不同值或不同流向的电流源是不允许串联的，否则违反 KCL；电流源串联时，每个电流源上的电压是不确定的。

2.3.3　实际电源及其两种等效电路模型

实际电源和理想电源不同。按如图 2 - 24（a）所示电路对实际电源进行实验，可得到如图 2 - 24（b）所示的端子间伏安特性曲线。

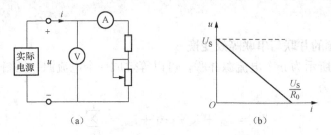

图 2 - 24　实际电源及其伏安特性曲线

根据电路等效的概念，从实际电源的端子伏安特性可推知，实际电源可用电压源串联电阻或电流源并联电阻两种等效电路模型来模拟（见图 2 - 25）。

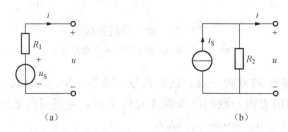

图 2 - 25　实际电源的两种等效模型

（a）电压源串联电阻模型；（b）电流源并联电阻模型

其中，R_1 是实际电压源的内阻，R_2 是实际电流源的内阻。

2.3.4　两种电源模型之间的等效变换

图 2 - 25（a）所示为电压源 u_S 和电阻 R_1 的串联组合，其电压与电流的关系（端口伏安特性）为

$$u = u_S - R_1 i \tag{2 - 11}$$

图 2 - 25（b）所示为电流源 i_S 和电阻 R_2 的并联组合，其电压与电流的关系（端口伏安特性）为

$$u = R_2 i_S - R_2 i \tag{2 - 12}$$

若令

$$R_1 = R_2 = R, u_S = R i_S（或 i_S = u_S / R） \tag{2 - 13}$$

则式（2 - 11）和式（2 - 12）将完全相同，即两个电路具有相同的端口伏安特性，此时这两种电源模型之间可以进行等效变换。式（2 - 13）就是这两种组合彼此对外等效必须满足的条件。

注 意

（1）电压源和电流源的等效关系是对外电路而言的，对电源内部则不等效。

（2）电流源的电流方向是从标有电压正极性端流出；电压源的正极性端子对应电流的流出端。

（3）受控源和独立源一样可以进行电源转换，转换过程中注意不要丢失控制量。

利用电阻的串并联等效、Y-△等效、电压源的串联等效、电流源的并联等效及两种实际电源模型的相互等效，可以求解由电压源、电流源和电阻组成的串、并联电路。

【例 2 - 3】 利用电源的等效变换求图 2 - 26（a）所示电路中的电流 I。

解 图 2 - 26（a）所示电路中 6V 电压源和 2Ω 电阻的串联，等效为 3A 电流源和 2Ω 电阻的并联，如图 2 - 26（b）所示；3A 电流源和 6A 电流源的并联等效为一个 9A 的电流源，两个 2Ω 的电阻并联等效为一个 1Ω 的电阻，如图 2 - 26（c）所示；再将 9A 电流源并 1Ω 电阻等效为 9V 电压源串联 1Ω 电阻，2A 电流源并 2Ω 电阻等效为 4V 电压源串联 2Ω 电阻，如图 2 - 26（d）所示；9V 电压源和 4V 电压源的串联等效为一个 5V 的电压源（因为它们的参考方向相反），1Ω 的电阻和 2Ω 的电阻串联等效为一个 3Ω 的电阻。这样，就得到一个单回路电路，如图 2 - 26（e）所示。

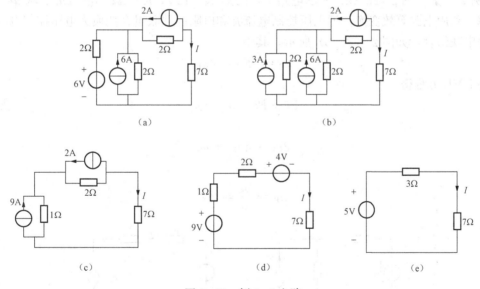

图 2 - 26   例 2 - 3 电路

由化简后的电路可求得电流为

$$I = \frac{5}{3+7} = 0.5\text{A}$$

【例 2 - 4】 图 2 - 27（a）所示电路中，已知 $u_{S1} = 12\text{V}$，$u_{S2} = 6\text{V}$，$R_1 = 6\Omega$，$R_2 = 3\Omega$，$R_3 = 1\Omega$。求电流 I。

解 图 2 - 27（a）所示电路中，电压源 u_{S1} 和电阻 R_1 的串联可等效为电流源 i_{S1} 和电阻 R_1 的并联，电压源 u_{S2} 和电阻 R_2 的串联可等效为电流源 i_{S2} 和电阻 R_2 的并联，如图 2 - 27

（b）所示电路，其中

$$i_{S1} = \frac{u_{S1}}{R_1} = \frac{12}{6} = 2A, \quad i_{S2} = \frac{u_{S2}}{R_2} = \frac{6}{3} = 2A$$

进一步化简为图 2 - 27（c）所示电路，其中

$$i_S = 2 + 2 = 4A$$

$$R_0 = R_1 \mathbin{/\mkern-5mu/} R_2 = 2\Omega$$

所以电流

$$I = \frac{R_0}{R_0 + R_3} i_S = \frac{2}{3} \times 4 = \frac{8}{3} A$$

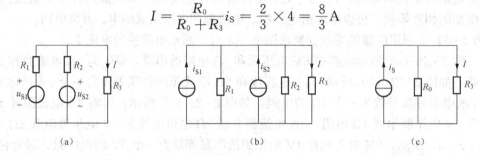

图 2 - 27　例 2 - 4 电路

【例 2 - 5】　图 2 - 28（a）所示电路中，已知 $u_S = 12V$，$R = 2\Omega$，$i_C = 2u_R$。求 u_R。

解　利用电源等效变换，把电压控制电流源和电阻的并联组合变换为电压控制电压源和电阻的串联组合，如图 2 - 28（b）所示，其中

$$u_C = Ri_C = 4u_R$$

列 KVL 方程得

$$Ri + Ri + u_C = u_S$$

即

$$2u_R + 4u_R = u_S$$

所以

$$u_R = \frac{u_S}{6} = 2V$$

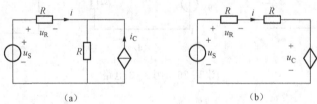

图 2 - 28　例 2 - 5 电路

2.4　无源单口网络的输入电阻

【基本概念】

电阻元件的欧姆定律：电压、电流在关联参考方向下，其端口伏安关系为 $u = Ri$。

等效电阻：可以用来等效替代某无源单口网络的电阻。

【引入】

对于一个放大器而言，总是希望放大器的输入电阻越大越好，因为输入电阻越大，它从信号源索取的电流就越小，放大电路得到的输入电压越接近信号源电压（信号电压损失越小）。那么，到底什么是输入电阻？一个单口网络的输入电阻怎么计算呢？

2.4.1 输入电阻的定义

电路的一个端口是其向外引出的一对端子，这对端子可以与外部电路相联结。如果一个单口网络内部仅含有电阻，则应用电阻的串、并联和 Y-△等效等方法，可以求得其等效电阻。如果单口网络内部除电阻以外还含有受控源，但不含有任何独立源，可以证明，无论内部如何复杂，端口电压与端口电流（见图 2-29）成正比。

因此，定义此单口网络的输入电阻为

$$R_{in} = \frac{u}{i} \qquad (2-14)$$

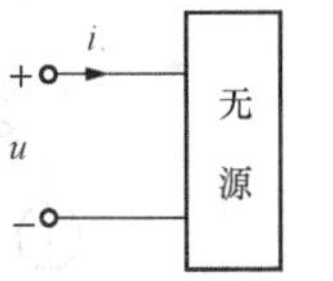

显然，无源单口网络的输入电阻和等效电阻在数值上是相等的。因此单口网络的等效电阻可以通过计算输入电阻的方法求得。输入电阻和等效电阻的含义有区别，在本书中，这两个电路术语往往混用。应该指出，由于受控源的特殊性，有些由电阻和受控源组成的单口网络，其输入电阻可能出现负值。

图 2-29 无源单口
网络的输入电阻

2.4.2 输入电阻的求解方法

端口的输入电阻即端口的等效电阻，但两者的含义有区别。如果一端口内部仅含有电阻，则应用电阻的串、并联和 Y-△变换等方法求其等效电阻，输入电阻等于等效电阻。

对于含有受控源和电阻的两端电路，应用在端口加电源的方法求输入电阻：加电压源，求电流；或加电流源，求电压，然后计算电压和电流的比值得输入电阻，这种计算方法称为加压求流法或加流求压法，如图 2-30 和图 2-31 所示。

图 2-30 加压求流法

图 2-31 加流求压法

【例 2-6】 求图 2-32（a）所示电路一端口的输入电阻 R_{in}，并求其等效电路。

解 先将图 2-32（a）所示电路的 ab 端外加一电压为 u 的电压源，如图 2-32（b）所示。然后将 ab 右端电路进行简化得到图 2-32（c）所示电路，由此可得

$$u = (i - 2.5i) \times 1 = -1.5i$$

因此，该端口输入电阻为

$$R_{in} = \frac{u}{i} = -1.5\Omega$$

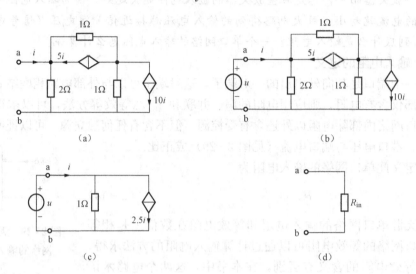

图 2-32　例 2-6 图

由此例可知，含有受控源电阻电路的输入电阻可能是负值，也可能为 0。

2.5　实际应用举例——直流电压表

电阻的分压性质常应用于电表的量程扩大，如图 2-33 所示电路。

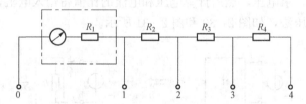

图 2-33　扩大电压表量程的电路

下面的任务是将一个满刻度偏转电流为 0.5mA，内阻为 $R_1 = 1k\Omega$ 的表头，设计成一个量程分别为 5、50V 及 500V 的电压表。

由于表头内阻一定，当表头两端接上被测电压 U 时，流过表头两端的电流随 U 变化而变化，且与其成正比。若指针的偏转角度与电流成正比，则也与电压成正比。因此在表盘上刻上电压刻度，就可以测量电压了。

图 2-33 所示电路中，已知表头的内阻 $R_1 = 1k\Omega$，而最大偏转电流为 0.5mA，当开关在"1"挡时（"2""3""4"端子断开），有

$$U_{10} = R_1 I = 1 \times 0.5 = 0.5(\text{V})$$

所以，该表头所能测量的最大电压为 0.5V。若被测电压超过 0.5V，则表头会被烧毁。可以采用表头串联电阻的方法，利用串联电阻分压原理，使多出的电压降在串联电阻上，使

得表头压降不超过 0.5V。当开关在"2"挡时，对应 5V 电压量程（"1""3""4"端子断开），有

$$U_{20} = (R_1 + R_2)I = (1 + R_2) \times 0.5 = 5(\text{V}), \quad R_2 = 9\text{k}\Omega$$

当开关在"3"挡时，对应 50V 电压量程（"1""2""4"端子断开）：

$$U_{30} = (R_1 + R_2 + R_3)I = (1 + 9 + R_3) \times 0.5 = 50(\text{V}), \quad R_3 = 90\text{k}\Omega$$

当用"0""4"端测量时，电压表的总电阻为 $R = R_1 + R_2 + R_3 + R_4$，若这时所测的电压恰好为 500V（这时表头也达到满量程），则通过表头的电流仍为 0.5mA，此时

$$R = \frac{U_{40}}{I} = \frac{500\text{V}}{0.5\text{mA}} = 1000\text{k}\Omega$$

则

$$R_4 = R - (R_1 + R_2 + R_3) = 900\text{k}\Omega$$

由此可见，直接利用该表头测量电压，其只能测量 0.5V 以下的电压，而串联了分压电阻 R_2（9kΩ）、R_3（90kΩ）和 R_4（900kΩ）以后，作为电压表，其就有 0.5、5、50、500V 四个量程，实现了电压表的量程扩展。

同理，也可以利用并联电阻分流的原理，实现电流表的量程扩展。

小　结

本章主要介绍了电路等效变换的基本概念，电阻串、并联电路，电阻的 Y-△ 变换，实际电源的两种模型及其等效变换、输入电阻等内容。一般来说，电路等效变换的目的一是使电路结构简化，二是使电路便于分析和求解。需要注意的是，等效变换会改变电路结构，从而使原电路的某些节点和支路消失，所以在求解某些支路电压或电流时要回到原电路进行。对于一个给定的电路，由于可进行等效变换的方案不止一个，因此应视电路结构特点和求解任务进行合理选择，这就需要"多看、多练、多总结"，才能培养出直觉。本章的主要内容可总结如下：

1. 电阻的串、并联

电阻的串、并联是电阻最基本的两种联结方式。在求解混联电路的等效电阻时，应根据电路结构判断出各电阻的联结方式，然后进行求解。要正确理解电阻串联的分压公式和电阻并联的分流公式，熟练掌握两个电阻的串联分压公式和并联分流公式。理解和掌握电桥电路的结构特点。需要注意的是，电路中无电流流过的电阻既可视为开路也可视为短路，等电位点可用理想导线短接。

2. 电阻电路的 Y-△ 变换

电阻电路的 Y-△ 变换是求解复杂电阻电路的有效工具。要正确掌握它们的结构特点和参数计算公式，必要时还要结合变换前的电路进行电路变量求解。如果存在多种变换方案，可先分别画出它们的变换电路，然后结合求解任务选用最佳方案。

3. 理想电源的串联和并联

一般来说，理想电压源只能串联，理想电流源只能并联。理想电压源的并联和理想电流源的串联有诸多限制，且很危险，只可理论探讨，并无实用价值。要掌握理想电压源的串联等效电路及其参数计算方法和理想电流源并联等效电路及其参数计算方法。

4. 实际电源的两种模型及其等效变换

实际电源两种模型间的等效变换常用于化简有源电阻网络，以便简化电路分析和计算。这里所说的"实际电源"包含独立源和受控源，但独立源模型和受控源模型之间不能互相等效。在进行实际电源的等效变换时，待求支路应始终保留在电路中，不能参与变换。在变换过程中，往往会遇到多个电压源串联和多个电流源并联的情况，应注意其合并后的大小及极性或方向。

5. 输入电阻

输入电阻是无源电阻网络对外表现的主要特征。输入电阻的特殊情形即为等效电阻（不含受控源）。求解等效电阻一般用电阻的串、并联和 Y-△ 变换法等，而输入电阻只能用 "u/i" 法求取，且外加电源的电压 u 和电流 i 应取为非关联参考方向，此时其输入电阻 R_{in} 即为 u 与 i 的比值。求解输入电阻 R_{in} 时可能会用到欧姆定律，KCL 与 KVL，电阻串、并联、Y-△ 变换与电源等效变换（针对受控源）等内容。

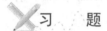 习　题

2-1　求图 2-34 所示电路的等效电阻 R_{AB}。

2-2　求图 2-35 所示电路的等效电阻 R_{AB}。

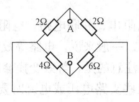 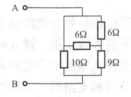

图 2-34　题 2-1 图　　　　图 2-35　题 2-2 图

2-3　求图 2-36 所示各电路的等效电阻 R_{AB}。

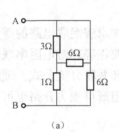 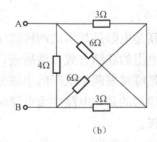

(a)　　　　　　　　　(b)

图 2-36　题 2-3 图

2-4　在图 2-37 所示电路中，在开关 S 断开的条件下，求电源发出的电流 i 和开关两端的电压 U_{ab}；在开关闭合后，求电源发出的电流 i 和通过开关的电流 I_{ab}。

2-5　试求图 2-38 所示电路中的电流 I。

2-6　求图 2-39 所示电路中的电流 i。

2-7　电路如图 2-40 所示，求 B 点的电位 V_B。

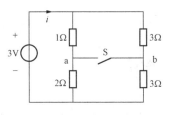

图 2 - 37　题 2 - 4 图

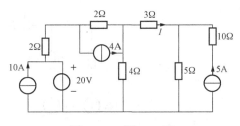

图 2 - 38　题 2 - 5 图

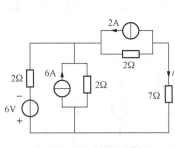

图 2 - 39　题 2 - 6 图

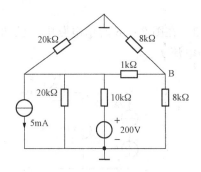

图 2 - 40　题 2 - 7 图

2 - 8　电路如图 2 - 41 所示,求电流 I 和电压 U_{AB}。

2 - 9　电路如图 2 - 42 所示,求 AB 端的等效电阻 R_{eq}。

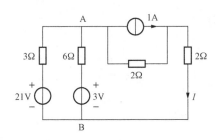

图 2 - 41　题 2 - 8 图

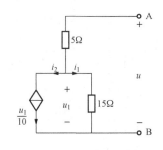

图 2 - 42　题 2 - 9 图

2 - 10　求图 2 - 43 所示两电路的输入电阻。

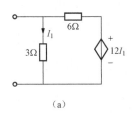

(a)

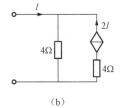

(b)

图 2 - 43　题 2 - 10 图

2 - 11　用电源等效变换法求图 2 - 44 所示电路中负载 R_L 上的电压 U。

2 - 12　化简图 2 - 45 所示电路。

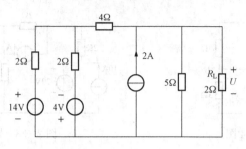

图 2 - 44   题 2 - 11 图

2 - 13   在图 2 - 46 所示电路中，已知 $U_S = 12V$，$R_1 = 3\Omega$，$I_S = 5A$，$R_2 = 6\Omega$。试求 R_2 支路中的电流 I_2。

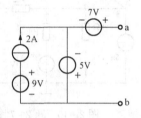

图 2 - 45   题 2 - 12 图

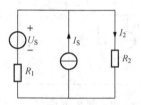

图 2 - 46   题 2 - 13 图

3　线性电阻电路的一般分析

　　本章内容以基尔霍夫定律为基础，介绍支路电流法、网孔电流法、回路电流法和节点电压法等电阻电路的一般分析方法，它们通过合理地选取电路变量、列写电路方程，实现对电路的分析。本章以直流电阻电路为对象进行讨论，但所得到的结论及方程列写规则可以推广到其他电路。

【教学要求及目标】

知识要点	目标与要求	相关知识	掌握程度评价
电路的图	理解和掌握	电路元件	
独立的 KCL 和 KVL 方程组	理解和掌握	基尔霍夫定律，方程组的独立性	
支路电流法	熟练掌握	电流的参考方向，元件的 VCR	
网孔电流法、回路电流法	熟练掌握	KVL 方程，元件的 VCR	
节点电压法	熟练掌握	KCL 方程，元件的 VCR	

3.1　图的基本概念

【基本概念】

　　电路元件：电路的基本组成单元，只具有某种单一的电磁性质。

　　网络图论：图论是拓扑学的一个分支，是富有趣味和应用极为广泛的一门学科。图论的概念由瑞士数学家欧拉最早提出，在 19、20 世纪，图论主要研究一些游戏问题和古老的难题，如哈密顿图及四色问题。1847 年，基尔霍夫首先用图论来分析电网络。如今，在电工领域，图论被用于网络分析和综合、通信网络与开关网络的设计、集成电路布局及故障诊断、计算机结构设计及编译技术等方面。

【引入】

　　这是 18 世纪著名的古典数学问题之一。在哥尼斯堡的一个公园里，有七座桥将普雷格尔河中的两个岛与河岸连接起来［见图 3 - 1 （a）］。问是否可能从这四块陆地中的任一块出发，恰好每座桥只通过一次，再回到起点？欧拉于 1736 年研究并解决了此问题，他把问题归结为如图 3 - 1 （b）所示的"一笔画"问题，证明了上述走法是不可能实现的，而且得到并证明了更为广泛的有关"一笔画"的三条结论，人们通常称之为"欧拉定理"。

　　第 2 章介绍的等效变换法对于具有一定结构形式的简单电路是行之有效的。对于较复杂的电路，必须使用一些更普遍的分析手段。

　　电路的一般分析方法基本基于以下思想：

　　选择适当的电路变量并以它们作为求知量→根据 KCL、KVL 及电路元件的 VCR 建立

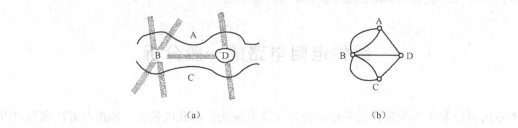

图 3-1 哥尼斯堡七桥难题

(a) 哥尼斯堡七桥；(b) 对应的图

足够数量的电路方程→联立求解，得到未知电路变量→根据要求或分析目的，求取与未知电路变量相关的其他电路变量。

可见，进行电路的一般分析方法关键在于建立一定数量的电路方程，并且这些电路方程必须互不相关，即这些方程中的任意一个都不能由其余电路方程推导得到。为解决独立电路方程的建立问题，本节首先介绍电路图论的初步知识，然后讨论一个具有 b 条支路、n 个节点电路中包含的 KCL 和 KVL 独立方程个数。

3.1.1 图的定义

电路的图 G 是具有给定连接关系的节点和支路的集合。支路的端点必须是节点，但节点允许出现孤立节点。这点与电路图中支路和节点的概念是有差别的：在电路图中，支路是实体，节点则是支路之间的联结点，节点是由支路形成的，没有了支路也不存在节点；但在图论中，允许孤立节点存在，它表示一个不与外界发生联系的"事物"。

图 3-2 (a) 所示为一个具有六个电阻和两个独立源的电路。如果把一个两端元件看成一条支路，支路与支路的联结点作为一个节点，则图 3-2 (b) 所示为该电路的"图"，它共有八条支路和五个节点。通常把电压源与无源元件的串联、电流源与无源元件的并联作为复合支路用一条支路表示，并以此为根据画出电路的图，如图 3-2 (c) 所示，它共有六条支路、四个节点。

在电路中，通常指定支路电压和支路电流的参考方向 (一般取关联参考方向)。同样，电路的图中每一条支路也可以指定一个方向，这个方向即支路电流和支路电压的参考方向。指定了支路方向的电路的图称为有向图，未指定支路方向的电路的图称为无向图。图 3-2 (b)、(c) 所示为无向图，图 3-2 (d) 所示为有向图。

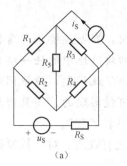
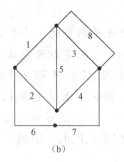
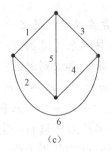
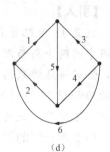

(a)　　　　　　(b)　　　　　　(c)　　　　　　(d)

图 3-2 电路及电路的图

从图 G 的一个节点出发，沿着一些支路连续移动，可以到达另一指定的节点，这样的系列支路构成了图 G 的一条路径。如果图 G 的任意两个节点之间都至少存在一条路径，则称图 G 为连通图，否则称为非连通图。对于图 3 - 3（a）所示的图，任意两个节点之间都至少存在一条路径，因此它是连通图；而对于图 3 - 3（b）所示的图，由于节点①、②和③中任一节点到节点④和⑤中任一之间都不存在路径，因此它是非连通图。显然，非连通图是由彼此分离的几部分组成的。

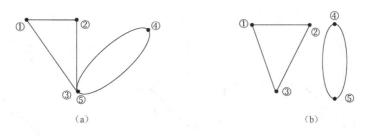

图 3 - 3 连通图及非连通图

3.1.2 子图

如果图 G_1 中的所有节点和所有支路是图 G 中的节点和支路，则称图 G_1 为图 G 的子图。显然，图 G 中的路径是图 G 的一种子图。图 3 - 4（b）～（d）所示的三个图都是图 3 - 4（a）所示图的子图。

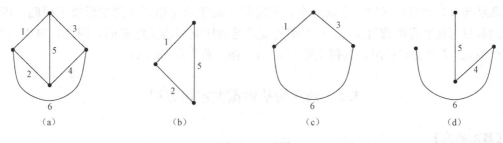

图 3 - 4 子图

如果一条路径的起点与终点重合，且经过的其他节点不出现重复，这条闭合路径就构成图 G 的一个回路。例如，对于图 3 - 4（a）所示的图 G，图 3 - 4（b）和图 3 - 4（c）所示的图分别是 G 的一个回路，而图 3 - 4（d）所示的图不是回路。显然，回路中每个节点都联结着该回路中的两条支路，而每条支路又都联结在两个节点之间，所以，回路中的节点数等于支路数。

包含连通图 G 的全部节点且不包含任何回路的连通子图称为图 G 的一个树。对于图 3 - 5（a）所示的图 G，符合上述定义的树很多，图 3 - 5（b）～（d）所示为其中的三个。图 3 - 5（e）、（f）所示不是该图的树，因为图 3 - 5（e）中包含了回路；图 3 - 5（f）则是非连通的。

构成树的支路称为该树的树支，其他支路则称为对应于该树的连支。例如，对于图 3 - 5（b）所示的树，（1，3，5）是树支，（2，4，6）是连支；而对于图 3 - 5（c）所示的树，（3，5，6）是树支，（1，2，4）是连支……显然，一条支路是树支还是连支，是对特定的树而言的，选择的树不同，支路的划分也不同。

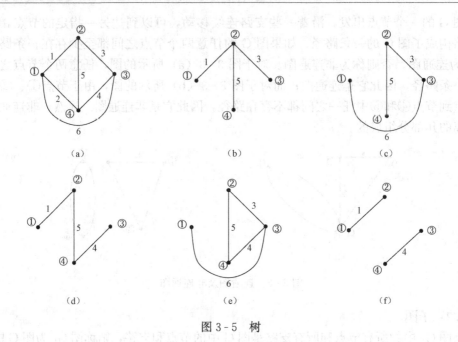

图 3-5　树

　　一个连通图 G 有很多树，通常可以按照分析需要选择合适的树。但是，无论如何选择树，其树支的数目却是一定的。这是因为为了构成图 G 的一个树，必先用一条支路把两个节点联结起来，之后每联结一个新节点，只需要一条新的支路，否则就形成了回路。因此，树支的数目总比节点的数目少 1。一个图的支路是由树支和连支组成的，因此，对于一个具有 n 个节点、b 条支路的图，其树支数为 $n-1$，连支数为 $b-n+1$。

3.2　独立的基尔霍夫定律方程

【基本概念】

　　方程组的独立性：方程组中任意一个方程都不能由其他方程通过简单运算得到。

　　方程组的完备性：方程组具有唯一确定的解。

【引入】

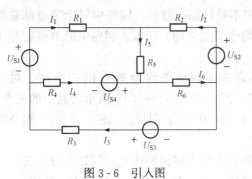

图 3-6　引入图

　　图 3-6 所示电路中，可以列出七个 KVL 方程，即

$$\begin{cases} R_1 I_1 - R_4 I_4 + R_5 I_5 = U_{S1} - U_{S4} \\ R_2 I_2 + R_5 I_5 + R_6 I_6 = U_{S2} \\ R_3 I_3 + R_4 I_4 + R_6 I_6 = U_{S3} + U_{S4} \\ R_1 I_1 - R_2 I_2 - R_4 I_4 - R_6 I_6 = U_{S1} - U_{S2} - U_{S4} \\ R_2 I_2 - R_3 I_3 - R_4 I_4 + R_5 I_5 = U_{S2} - U_{S3} - U_{S4} \\ R_1 I_1 + R_3 I_3 + R_5 I_5 + R_6 I_6 = U_{S1} + U_{S3} \\ R_1 I_1 - R_2 I_2 + R_3 I_3 = U_{S1} - U_{S2} + U_{S3} \end{cases}$$

　　可以看出，这七个方程之间不是相互独立的，因此对于一个电路，没有必要列出其所有的 KVL 方程，同理，也没有必要列出其所有的 KCL 方程。

一个电路的电路方程可以根据 KCL、KVL 及电路元件的 VCR 来建立。对每一个回路可建立一个回路 KVL 方程，对每一个节点可建立一个节点 KCL 方程。

基尔霍夫定律方程只与电路的拓扑结构有关，而与支路的元件性质无关，因此可以利用电路的图讨论如何列出独立的基尔霍夫定律方程。

3.2.1 独立的 KCL 方程

图 3-7 所示为一个电路的图 G，支路的参考方向标示于图中，支路的电压与支路电流取关联参考方向。图 G 的支路数 $b=6$，节点数 $n=4$。

现对图 G 的四个节点分别列 KCL 方程，即

$$\begin{cases} i_1 - i_2 - i_6 = 0 \\ -i_1 - i_3 + i_5 = 0 \\ i_3 + i_4 + i_6 = 0 \\ i_2 - i_4 - i_5 = 0 \end{cases}$$

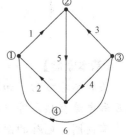

图 3-7 独立
KCL、KVL 方程

由于对所有的节点列写了 KCL 方程，而每一条支路分别与两个节点关联，并且支路电流必从其中一个节点流出，从另一个节点流入，因此，在列出的所有 KCL 方程中，每个支路电流必然出现两次，一次为正，另一次为负，即这四个方程相加后会出现 0 等于 0 的结果。这说明这四个 KCL 方程不是相互独立的，若去掉其中任意一个方程，剩下的三个方程都是独立的。可以证明，对于具有 n 个节点的连通图，可以列出 $n-1$ 个独立的 KCL 方程。这 $n-1$ 个独立的 KCL 方程对应的节点称为独立节点，被去掉的节点称为参考节点。

3.2.2 独立的 KVL 方程

对于一个给定的连通图 G，每选择一个回路都可以列出一个 KVL 方程。例如，在图 3-7 所示图中选取回路 (1, 2, 5)、(3, 4, 5) 和 (1, 2, 3, 4)，回路的绕行方向都取顺时针方向，可列出三个 KVL 方程，即

$$\begin{cases} u_1 + u_2 + u_5 = 0 \\ -u_3 + u_4 - u_5 = 0 \\ u_1 + u_2 - u_3 + u_4 = 0 \end{cases}$$

显然，将前两个方程相加即得第三个方程，说明这三个方程中只有两个方程是独立的。当图 G 的回路较多时，仅凭观察来确立一组独立回路是不容易的。利用"树"的概念有助于寻找一个图的独立回路组，从而得到独立的 KVL 方程组。

对于连通图 G 的某一树 T，它的树支是不能构成回路的。但在 T 上每增加一条连支，

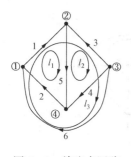

图 3-8 单连支回路

这条连支便和相应的树支构成一个回路，这样的回路称为单连支回路或基本回路。图 3-7 所示的图中，选择 (1, 3, 5) 为树，则连支 2 与树支 1、5，连支 4 与树支 3、5，连支 6 与树支 1、3，分别构成一个单连支回路，如图 3-8 所示。显然，单连支回路数目等于图 G 的连支数目（$l=b-n+1$），对于图 3-7 所示的图 G，$l=3$。由于单连支回路包含一条独有的连支，因此其是相互独立的，当然由这些独立回路所列写的 KVL 方程也是彼此独立的，即独立的 KVL 方程数等于电路的连支数（$l=b-n+1$）。

例如，图 3-8 所示的图中，选择（1，3，5）为树，则 l_1、l_2、l_3 构成单连支回路，可以列出独立的 KVL 方程，即

$$\begin{cases} u_1 + u_2 + u_5 = 0 & \text{（回路 1）} \\ -u_3 + u_4 - u_5 = 0 & \text{（回路 2）} \\ u_1 - u_3 + u_6 = 0 & \text{（回路 3）} \end{cases}$$

这是一组独立的 KVL 方程。

3.3　支路电流法和支路电压法

【基本概念】

关联参考方向：如果某元件（或某条支路）电压的参考方向和电流的参考方向一致，称电压和电流在该元件（或支路）上关联（或者说取的是关联参考方向）；否则，称为非关联。

有向图：电路的图中每一条支路可以指定一个方向，这个方向就是支路电流和支路电压的参考方向。指定了支路方向的电路的图称为有向图，未指定支路方向的图称为无向图。

【引入】

对于一个具有 n 个节点、b 条支路的电路，当以支路电压和支路电流为电路变量列写方程时，可以得到 $n-1$ 个独立的 KCL 方程，$b-n+1$ 个独立的 KVL 方程及 b 个元件的 VCR 方程，共 $2b$ 个方程，与未知量的数目相等，因此，可以由这 $2b$ 个方程解出所有的支路电流和所有的支路电压。这种方法称为 $2b$ 法。

$2b$ 法的优缺点都很明显，优点是可以直接地解出所有的支路电流和所有的支路电压；缺点是电路方程的数目多，这对于支路数目和节点数目较多的电路来说，方程列、解都比较麻烦。

3.3.1　支路电流法

为了减少方程的求解数目，可以利用支路的 VCR 将各支路电压用支路电流表示，然后代入 KVL 方程。这样，就可以得到以支路电流为求解变量的 b 个独立方程，即支路电流方程。这种列、解方程，求解电路未知量的方法称为支路电流法。

现在以图 3-9（a）所示电路为例予以说明，将电压源 u_{S1} 与电阻 R_1 的串联作为一条支路，电流源 i_{S5} 和电阻 R_5 并联作为一条支路，则该电路共有四个节点和六条支路。每条支路都编号并规定其参考方向，如图 3-9（b）所示，选支路（2，3，4）为树，则支路组合（1，2，3）、（3，4，5）和（2，4，6）分别构成一个单连支回路。

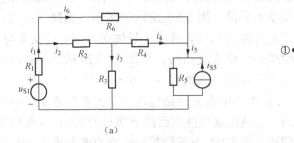

（a）　　　　　　　　　　　　　　　　　（b）

图 3-9　支路电流法

对节点①、②、③分别应用 KCL，得到三个独立的 KCL 方程，即

$$\left.\begin{aligned} -i_1 + i_2 + i_6 = 0 \\ -i_2 + i_3 + i_4 = 0 \\ -i_4 + i_5 - i_6 = 0 \end{aligned}\right\} \qquad (3\text{-}1)$$

分别对三个单连支回路应用 KVL（回路的绕行方向都选顺时针方向），得到独立的 KVL 方程，即

$$\left.\begin{aligned} u_1 + u_2 + u_3 = 0 \\ -u_3 + u_4 + u_5 = 0 \\ -u_2 - u_4 + u_6 = 0 \end{aligned}\right\} \qquad (3\text{-}2)$$

分别对每条支路列写其支路电压和支路电流的关系方程（VCR），即

$$\left.\begin{aligned} u_1 &= -u_{S1} + R_1 i_1 \\ u_2 &= R_2 i_2 \\ u_3 &= R_3 i_3 \\ u_4 &= R_4 i_4 \\ u_5 &= R_5 i_5 + R_5 i_{S5} \\ u_6 &= R_6 i_6 \end{aligned}\right\} \qquad (3\text{-}3)$$

将式（3-3）代入式（3-2），消去支路电压，整理得

$$\left.\begin{aligned} R_1 i_1 + R_2 i_2 + R_3 i_3 &= u_{S1} \\ -R_3 i_3 + R_4 i_4 + R_5 i_5 &= -R_5 i_{S5} \\ -R_2 i_2 - R_4 i_4 + R_6 i_6 &= 0 \end{aligned}\right\} \qquad (3\text{-}4)$$

式（3-4）即所要求的除了独立的 KCL 方程［式（3-1）］之外另外三个独立的支路电流方程，它是支路的 VCR 和独立回路 KVL 结合的结果，可以看作 KVL 的另一种表达式，即对于任一回路，有

$$\sum R_k i_k = \sum u_{Sk} \qquad (3\text{-}5)$$

方程等号左边的 $\sum R_k i_k$ 表示回路中各电阻电压的代数和，当电流 i_k 的参考方向和回路的绕行方向一致时，$R_k i_k$ 前面取"＋"，反之取"－"；$\sum u_{Sk}$ 是回路中各电压源电压的代数和，当电压源电压 u_{Sk} 的参考方向与回路的绕行方向一致时，u_{Sk} 前面取"－"，反之取"＋"。当支路中含有电流源与电阻的并联组合时，可将其等效为电压源与电阻的串联组合。

式（3-5）表明：线性电阻电路的任一回路中所有电阻上电压降的代数和等于该回路中所有电压源与等效电压源电压升的代数和。式（3-1）与式（3-4）构成了图 3-9（a）所示电路的支路电流方程。

支路电流法要求 b 个支路电流都能以支路电流表示，即存在式（3-3）形式的关系。当一条支路仅含电流源而不存在与之并联的电阻时，就无法将支路电压用支路电流表示。这种无并联电阻的电流源称为无伴电流源。当电路中存在这类支路时，需另行处理，如引入相应的未知电压项，在求解支路电流时将其一并求出。

一般而言，对于平面电路常选网孔作为独立回路；而对于非平面电路，可选单连支回路作为独立回路。这样就能保证对独立回路列写的 KVL 方程彼此独立。

综上所述，列写支路电流方程的步骤如下：

（1）指定各支路电流的参考方向；

（2）根据 KCL，对 $n-1$ 个独立节点列写 KCL 方程；

（3）选取 $b-n+1$ 个独立回路，规定各独立回路的绕行方向；

（4）结合各支路的 VCR，对独立回路按照式（3-5）列写 KVL 方程。

【例 3-1】 在图 3-10 所示电路中，已知 $R_1=R_2=10\Omega$，$R_3=4\Omega$，$R_4=R_5=8\Omega$，$R_6=2\Omega$，$u_{S3}=20V$，$u_{S6}=40V$。用支路电流法求解电流 i_5。

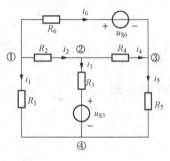

图 3-10　例 3-1 电路

解　对节点①、②、③分别列写 KCL 方程，即

$$\begin{cases} i_1+i_2+i_6=0 \\ -i_2+i_3+i_4=0 \\ -i_4+i_5-i_6=0 \end{cases}$$

选取网孔为独立回路，绕行方向均为顺时针方向，分别列写 KVL 方程，即

$$\begin{cases} -R_1i_1+R_2i_2+R_3i_3=-u_{S3} \\ -R_3i_3+R_4i_4+R_5i_5=u_{S3} \\ -R_2i_2-R_4i_4+R_6i_6=-u_{S6} \end{cases}$$

代入数据，并整理得

$$\begin{cases} -10i_1+10i_2+4i_3=-20 \\ -4i_3+8i_4+8i_5=20 \\ -10i_2-8i_4+2i_6=-40 \end{cases}$$

联立以上各式求解，得

$$i_5 \approx -0.956A$$

3.3.2　支路电压法

应用 KVL 对独立回路列写 $b-n+1$ 个仅以支路电压为变量的独立 KVL 方程，将支路电流用支路电压表示，并代入 KCL 方程消去支路电流，可以得到另外 $n-1$ 个以支路电压为变量的独立方程。因此，列写支路电压方程的步骤可以归纳如下：

（1）指定各支路电压的参考方向；

（2）选取 $b-n+1$ 个独立回路，列写独立的 KVL 方程；

（3）应用 KCL，并结合支路的 VCR（将支路电流用支路电压表示），对 $n-1$ 个独立节点列写以支路电压为变量的独立方程。

3.4　网孔电流法和回路电流法

【基本概念】

独立的 KCL 方程：对于一个具有 n 个节点、b 条支路的电路，可以列出 $(n-1)$ 个形如 $\sum i_k=0$ 的 KCL 方程。

独立的 KVL 方程：对于一个具有 n 个节点、b 条支路的电路，可以列出 $(b-n+1)$ 个形如 $\sum u_k=0$ 的 KVL 方程。

基本回路：对于连通图 G 的某一树 T，它的树支是不能构成回路的。但在 T 上每增加一条连支,这条连支便和相应的树支构成一个回路,这样的回路称为单连支回路或基本回路。

【引入】

上一节中已述及,由独立电压源和线性电阻构成的电路,可以以 b 个支路电流为变量来建立电路方程。在 b 个支路电流中,只有一部分电流是独立电流变量,另一部分电流则可由这些独立电流来确定。若用独立电流变量来建立电路方程,则可进一步减少电路方程数。

3.4.1 网孔电流法

对于具有 b 条支路和 n 个节点的平面连通电路,它的 $b-n+1$ 个网孔电流就是一组独立电流变量。用网孔电流作为变量建立的电路方程,称为网孔方程。求解网孔方程得到网孔电流后,用 KCL 方程可求出全部支路电流,再用 VCR 方程可求出全部支路电压。

对于图 3-11 所示的平面电路,若将电压源和电阻串联作为一条支路,该电路共有六条支路和四个节点。对①、②、③节点写出 KCL 方程,即

$$\left.\begin{array}{l} i_1+i_3-i_4=0 \\ -i_1-i_2+i_5=0 \\ i_2-i_3-i_6=0 \end{array}\right\} \rightarrow \left.\begin{array}{l} i_4=i_1+i_3 \\ i_5=i_1+i_2 \\ i_6=i_2-i_3 \end{array}\right\} \qquad (3-6)$$

支路电流 i_4、i_5 和 i_6 可以用另外三个支路电流 i_1、i_2 和 i_3 的线性组合来表示。

电流 i_4、i_5 和 i_6 是非独立电流,它们由独立电流 i_1、i_2 和 i_3 的线性组合确定。这种线性组合的关系,可以设想为电流 i_1、i_2 和 i_3 沿每个网孔边界闭合流动而形成,如图 3-11 中箭头所示。这种在网孔内闭合流动的电流,称为网孔电流,记作 i_{m1}、i_{m2} 和 i_{m3}。它们是一组能确定全部支路电流的独立电流变量。如图 3-11 所示电路中,各支路电流都可以用网孔电流的代数和表示,即

$$\left\{\begin{array}{l} i_1=i_{m1} \\ i_2=i_{m2} \\ i_3=i_{m3} \\ i_4=i_{m1}+i_{m3} \\ i_5=i_{m1}+i_{m2} \\ i_6=i_{m2}-i_{m3} \end{array}\right.$$

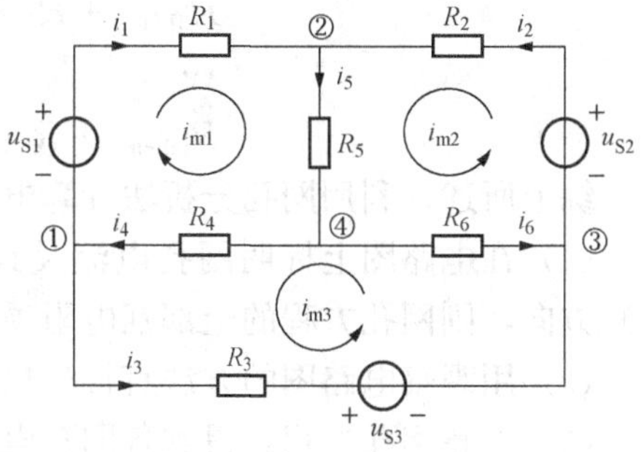

对于具有 b 条支路和 n 个节点的平面连通电路,共有 $b-n+1$ 个网孔电流。

图 3-11 网孔电流法

以图 3-11 所示网孔电流方向为绕行方向,写出三个网孔的 KVL 方程分别为

$$\left\{\begin{array}{l} R_1 i_1+R_5 i_5+R_4 i_4=u_{S1} \\ R_2 i_2+R_5 i_5+R_6 i_6=u_{S2} \\ R_3 i_3-R_6 i_6+R_4 i_4=-u_{S3} \end{array}\right.$$

将式 (3-6) 代入上式,并整理得

$$\left.\begin{array}{l} (R_1+R_4+R_5)i_{m1}+R_5 i_{m2}+R_4 i_{m3}=u_{S1} \\ R_5 i_{m1}+(R_2+R_5+R_6)i_{m2}-R_6 i_{m3}=u_{S2} \\ R_4 i_{m1}-R_6 i_{m2}+(R_3+R_4+R_6)i_{m3}=-u_{S3} \end{array}\right\} \qquad (3-7)$$

式（3-7）即图 3-11 所示电路的网孔电流方程。网孔电流方程实质上是 KVL 的体现，因此当电阻与电压源并联作为一条支路时，这个电阻不影响网孔电流方程。方程等号的左边是网孔电流引起的沿网孔电流方向的电压降，右边则是独立源引起的电压升。

式（3-7）可以概括为

$$\left.\begin{array}{l} R_{11}i_{m1}+R_{12}i_{m2}+R_{13}i_{m3}=u_{S11} \\ R_{21}i_{m1}+R_{22}i_{m2}+R_{23}i_{m3}=u_{S22} \\ R_{31}i_{m1}+R_{32}i_{m2}+R_{33}i_{m3}=u_{S33} \end{array}\right\} \tag{3-8}$$

式（3-8）是具有三个网孔电路的网孔电流方程的一般形式，其中 $R_{kk}(k=1,2,3)$ 称为第 k 个网孔的自电阻，其值等于该网孔中所有支路的电阻（包括与电压源串联的电阻）之和，如 $R_{11}=R_1+R_4+R_5$，$R_{22}=R_2+R_5+R_6$，$R_{33}=R_3+R_4+R_6$。$R_{kj}(k\neq j, k, j=1,2, 3)$ 称为第 k 个网孔与第 j 个网孔的互电阻，其值等于这两个网孔公共支路的电阻的正值或负值。当两个网孔电流以相同方向流过公共电阻时取"+"，如 $R_{12}=R_{21}=R_5$，$R_{13}=R_{31}=R_4$；当两个网孔电流以相反方向流过公共电阻时取"—"，如 $R_{23}=R_{32}=-R_6$。$u_{Skk}(k=1, 2,3)$ 表示第 k 个网孔中全部电压源电压升的代数和。绕行方向由负极到正极的电压源取"+"；反之则取"—"。例如，$u_{S11}=u_{S1}$，$u_{S22}=u_{S2}$，$u_{S33}=-u_{S3}$。

由独立电压源和线性电阻构成电路的网孔方程很有规律。可理解为各网孔电流在某网孔全部电阻上产生电压降的代数和，等于该网孔全部电压源电压升的代数和。根据以上总结的规律和对电路图的观察，就能直接列出网孔方程。具有 m 个网孔的平面电路，其网孔方程的一般形式为

$$\left.\begin{array}{l} R_{11}i_{m1}+R_{12}i_{m2}+\cdots+R_{1m}i_{mm}=u_{S11} \\ R_{21}i_{m1}+R_{22}i_{m2}+\cdots+R_{2m}i_{mm}=u_{S22} \\ \cdots \\ R_{m1}i_{m1}+R_{m2}i_{m2}+\cdots+R_{mm}i_{mm}=u_{Smm} \end{array}\right\} \tag{3-9}$$

综上所述，利用网孔分析法计算电路变量的步骤如下：

（1）在电路图上标明网孔电流及其绕行方向。若全部网孔电流均选为顺时针（或逆时针）方向，则网孔方程的全部互电阻项均取"—"。

（2）用观察电路图的方法直接列出各网孔方程。

（3）求解网孔方程，得到各网孔电流。

（4）假设支路电流的参考方向。根据支路电流与网孔电流的线性组合关系，求得各支路电流。

（5）用 VCR 方程，求得各支路电压。

【例 3-2】 用网孔电流法求图 3-12 所示电路的各支路电流。

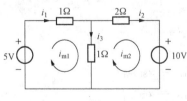

图 3-12 例 3-2 电路

解 选定两个网孔电流 i_{m1} 和 i_{m2} 的绕行方向，如图 3-12 所示。用观察电路图的方法直接列出网孔方程，即

$$\begin{cases} (1+1)\times i_{m1}-1\times i_{m2}=5 \\ -1\times i_{m1}+(1+2)\times i_{m2}=-10 \end{cases}$$

整理为

$$\begin{cases} 2i_{m1} - i_{m2} = 5 \\ -i_{m1} + 3i_{m2} = -10 \end{cases}$$

解得

$$i_{m1} = 1\text{A}, \quad i_{m2} = -3\text{A}$$

各支路电流分别为

$$i_1 = i_{m1} = 1\text{A}, \quad i_2 = i_{m2} = -3\text{A}, \quad i_3 = i_{m1} - i_{m2} = 4\text{A}$$

【例 3 - 3】　用网孔电流法求图 3 - 13 所示电路的各支路电流。

解　选定各网孔电流的参考方向，如图 3 - 13 所示。用观察电路图的方法列出网孔方程，即

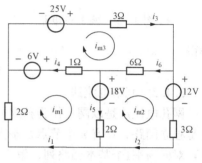

$$\begin{cases} (2+1+2)i_{m1} - 2i_{m2} - i_{m3} = 6 - 18 \\ -2i_{m1} + (2+6+3)i_{m2} - 6i_{m3} = 18 - 12 \\ -i_{m1} - 6i_{m2} + (3+6+1)i_{m3} = 25 - 6 \end{cases}$$

整理为

$$\begin{cases} 5i_{m1} - 2i_{m2} - i_{m3} = -12 \\ -2i_{m1} + 11i_{m2} - 6i_{m3} = 6 \\ -i_{m1} - 6i_{m2} + 10i_{m3} = 19 \end{cases}$$

图 3 - 13　例 3 - 3 电路

解得

$$i_1 = i_{m1} = -1\text{A}, \quad i_2 = i_{m2} = 2\text{A}, \quad i_3 = i_{m3} = 3\text{A}$$

$$i_4 = i_{m3} - i_{m1} = 4\text{A}, \quad i_5 = i_{m1} - i_{m2} = -3\text{A}, \quad i_6 = i_{m3} - i_{m2} = 1\text{A}$$

当电路中含有独立电流源时，不能用式（3 - 9）来建立含有电流源网孔的网孔方程。若含有电阻与电流源并联（有伴电流源支路），则可先等效变换为电压源和电阻串联的支路，将电路变为仅由电压源和电阻构成的电路，再用式（3 - 9）建立网孔方程。

若电路中的电流源没有电阻与之并联（无伴电流源支路），则应增加电流源电压作为变量来建立这些网孔的网孔方程。此时，由于增加了电压变量，需补充电流源电流与网孔电流关系的方程。

【例 3 - 4】　用网孔电流法求图 3 - 14 所示电路的支路电流。

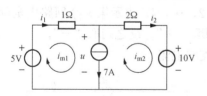

解　设电流源电压为 u，考虑电压 u 的网孔方程为

$$\begin{cases} 1 \times i_{m1} = 5 - u \\ 2i_{m2} = -10 + u \end{cases}$$

补充方程

$$i_{m1} - i_{m2} = 7$$

图 3 - 14　例 3 - 4 电路

求解以上方程得

$$i_1 = i_{m1} = 3\text{A}, \quad i_2 = i_{m2} = -4\text{A}, \quad u = 2\text{V}$$

综上所述，对于含有无伴电流源支路的平面电路，将无伴电流源两端的电压作为一个求解变量列入方程（暂时当作理想电压源放到方程右边）；然后增补网孔电流与无伴电流源电流之间的关系方程。

【例 3 - 5】　用网孔电流法求解图 3 - 15 所示电路的各网孔电流。

解　当电流源出现在电路外围边界上时，该网孔电流等于电流源电流，成为已知量，此例中为 $i_{m3} = 2\text{A}$。此时不必列出此网孔的网孔方程。只需计入 1A 电流源电压 u，列出两个

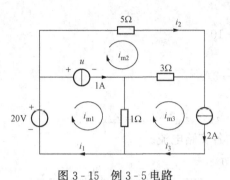

图 3-15　例 3-5 电路

网孔方程和一个补充方程，即

$$\begin{cases} i_{m1} - i_{m3} = 20 - u \\ (5+3)i_{m2} - 3i_{m3} = u \\ i_{m3} = 2A \end{cases}$$

补充方程

$$i_{m1} - i_{m2} = 1$$

整理后得

$$\begin{cases} i_{m1} + 8i_{m2} = 28 \\ i_{m1} - i_{m2} = 1 \end{cases}$$

解得

$$i_{m1} = 4A, \quad i_{m2} = 3A, \quad i_{m3} = 2A$$

3.4.2　回路电流法

网孔电流法是以网孔作为独立回路列写 KVL 方程的，通过前面的学习已知，基本回路也是独立回路，具有 n 个节点 b 条支路的电路有 $b-n+1$ 个基本回路。以回路电流为待求变量，对 $b-n+1$ 个基本回路列、解方程，分析电路的方法，称为回路电流法。显然，回路电流法是网孔电流法的扩展，网孔电流法是回路电流法的特例。不言而喻，回路电流是假想的在基本回路中的环流，电路中各支路电流都可以用回路电流来表示。网孔分析法只适用于平面电路，而回路电流法却是普遍适用的方法。

回路电流方程的一般形式与网孔电流方程相似，即

$$\left.\begin{array}{l} R_{11}i_{l1} + R_{12}i_{l2} + \cdots + R_{1l}i_{ll} = u_{S11} \\ R_{21}i_{l1} + R_{22}i_{l2} + \cdots + R_{2l}i_{ll} = u_{S22} \\ \cdots \\ R_{l1}i_{l1} + R_{l2}i_{l2} + \cdots + R_{ll}i_{ll} = u_{Sll} \end{array}\right\} \quad (3-10)$$

式中，$R_{kk}(k=1,2,\cdots,l)$ 称为第 k 个回路的自电阻，其值等于该回路中所有支路的电阻（包括与电压源串联的电阻）之和。$R_{kj}(k \neq j, k, j=1,2,\cdots,l)$ 称为第 k 个回路与第 j 个回路的互电阻，其值等于这两个回路公共支路的电阻的正值或负值。当两回路电流以相同方向流过公共电阻时取"+"，反之取"−"。$u_{Skk}(k=1,2,\cdots,l)$ 表示第 k 个回路中全部电压源电压升的代数和。绕行方向由负极到正极的电压源取"+"；反之则取"−"。

【例 3-6】　用回路电流法求解图 3-16 所示电路各支路电流。

解　为了减少联立方程的数目，选择回路电流的原则是：每个电流源支路只流过一个回路电流。

若选择图 3-16 所示的三个回路电流 i_{l1}、i_{l2} 和 i_{l3}，则 $i_{l2}=2A$，$i_{l3}=1A$ 成为已知量。只需列出 i_{l1} 回路的方程，即

$$(5+3+1)i_{l1} - (1+3)i_{l2} - (5+3)i_{l3} = 20$$

代入 $i_{l2}=2A$，$i_{l3}=1A$，解得

$$i_{l1} = 4A$$

各支路电流分别为

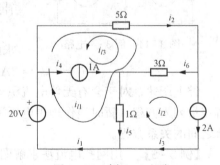

图 3-16　例 3-6 电路

$$i_1 = i_{l1} = 4\text{A}, \quad i_2 = i_{l1} - i_{l3} = 3\text{A}, \quad i_3 = i_{l2} = 2\text{A}$$
$$i_4 = 1\text{A}, \quad i_5 = i_{l1} - i_{l2} = 2\text{A}, \quad i_6 = i_{l1} - i_{l2} - i_{l3} = 1\text{A}$$

3.5　节点电压法

【基本概念】

电位：也称为电势，是指单位电荷在静电场中的某一点所具有的电势能，其数值等于电荷从该处经过任意路径移动到电位参考点所做的功。电位的大小与参考点的选取有关。

电压：也称为电势差或电位差，是衡量单位电荷在静电场中由于电位不同所产生的能量差的物理量。其大小等于单位正电荷因受电场力作用从 A 点移动到 B 点所做的功。两点之间电压的大小与参考点的选取无关。

【引入】

与用独立电流变量来建立电路方程相类似，也可用独立电压变量来建立电路方程。在全部支路电压中，只有一部分电压是独立电压变量，另一部分电压则可由这些独立电压变量根据 KVL 方程来确定。若用独立电压变量来建立电路方程，也可使电路方程数目减少。对于具有 n 个节点的连通电路，它的 $n-1$ 个节点对第 n 个节点的电压，就是一组独立电压变量。用这些节点电压作为变量建立的电路方程，称为节点电压方程。这样，只需求解 $n-1$ 个节点电压方程，就可得到全部节点电压，然后根据 KVL 方程可求出各支路电压，根据 VCR 方程可求得各支路电流。

3.5.1　节点电压

在具有 n 个节点的连通电路中，可以选其中一个节点作为参考节点，其余 $n-1$ 个节点与参考节点之间的电压，称为节点电压。显然，节点电压的参考方向都是由独立节点指向参考节点，节点电压的数目为 $n-1$。这些节点电压不能构成一个闭合路径，不能组成 KVL 方程，不受 KVL 约束，是一组独立的电压变量。由于任一支路电压是其两端节点电压之差，由此可求得全部支路电压。

例如，图 3-17 所示电路中，节点数 $n=4$，支路数 $b=7$。以节点 ⓪ 为参考节点，则节点 ①、② 和 ③ 的节点电压分别记作 u_{n1}、u_{n2} 和 u_{n3}。各支路电压可用节点电压表示，即

$$\begin{cases} u_1 = u_{n1} \\ u_2 = u_{n1} \\ u_3 = u_{n1} - u_{n2} \\ u_4 = u_{n2} \\ u_5 = u_{n2} - u_{n3} \\ u_6 = u_{n3} \\ u_7 = u_{n1} - u_{n3} \end{cases}$$

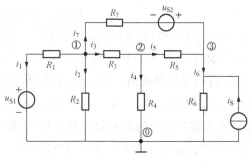

图 3-17　节点电压法

3.5.2　节点电压方程的建立

下面以图 3-17 所示电路为例，说明如何建立节点电压方程。

对电路的三个独立节点 ①、②、③，分别列出 KCL 方程，即

$$\begin{cases} i_1 + i_2 + i_3 + i_7 = 0 \\ -i_3 + i_4 + i_5 = 0 \\ -i_5 + i_6 - i_7 = 0 \end{cases}$$

列出用节点电压表示的电阻 VCR 方程，即

$$\begin{cases} i_1 = \dfrac{u_1 - u_{S1}}{R_1} = \dfrac{1}{R_1}(u_{n1} - u_{S1}) \\[2mm] i_2 = \dfrac{u_2}{R_2} = \dfrac{1}{R_2}u_{n1} \\[2mm] i_3 = \dfrac{u_3}{R_3} = \dfrac{1}{R_3}(u_{n1} - u_{n2}) \\[2mm] i_4 = \dfrac{u_4}{R_4} = \dfrac{1}{R_4}u_{n2} \\[2mm] i_5 = \dfrac{u_5}{R_5} = \dfrac{1}{R_5}(u_{n2} - u_{n3}) \\[2mm] i_6 = \dfrac{u_6}{R_6} + i_S = \dfrac{1}{R_6}u_{n3} + i_S \\[2mm] i_7 = \dfrac{u_7 + u_{S2}}{R_7} = \dfrac{1}{R_7}(u_{n1} - u_{n3}) + \dfrac{u_{S2}}{R_7} \end{cases}$$

代入 KCL 方程中，经整理得

$$\begin{cases} \left(\dfrac{1}{R_1} + \dfrac{1}{R_2} + \dfrac{1}{R_3} + \dfrac{1}{R_7}\right)u_{n1} - \dfrac{1}{R_3}u_{n2} - \dfrac{1}{R_7}u_{n3} = \dfrac{u_{S1}}{R_1} - \dfrac{u_{S2}}{R_7} \\[2mm] -\dfrac{1}{R_3}u_{n1} + \left(\dfrac{1}{R_3} + \dfrac{1}{R_4} + \dfrac{1}{R_5}\right)u_{n2} - \dfrac{1}{R_5}u_{n3} = 0 \\[2mm] -\dfrac{1}{R_7}u_{n1} - \dfrac{1}{R_5}u_{n2} + \left(\dfrac{1}{R_5} + \dfrac{1}{R_6} + \dfrac{1}{R_7}\right)u_{n3} = i_S + \dfrac{u_{S2}}{R_7} \end{cases}$$

这就是图 3-17 所示电路的节点电压方程。写成一般形式为

$$\left. \begin{aligned} G_{11}u_{n1} + G_{12}u_{n2} + G_{13}u_{n3} = i_{S11} \\ G_{21}u_{n1} + G_{22}u_{n2} + G_{23}u_{n3} = i_{S22} \\ G_{31}u_{n1} + G_{32}u_{n2} + G_{33}u_{n3} = i_{S33} \end{aligned} \right\} \tag{3-11}$$

式中，G_{11}、G_{22} 和 G_{33} 称为节点自电导，它们分别是各节点全部支路电导的总和，本例中 $G_{11} = 1/R_1 + 1/R_2 + 1/R_3 + 1/R_7$，$G_{22} = 1/R_3 + 1/R_4 + 1/R_5$，$G_{33} = 1/R_5 + 1/R_6 + 1/R_7$。可以看出，自电导总是正值。$G_{ij}(i \neq j)$ 称为节点 i 和 j 的互电导，是节点 i 和 j 之间支路电导总和的负值，本例中 $G_{12} = G_{21} = -1/R_3$，$G_{13} = G_{31} = -1/R_7$，$G_{23} = G_{32} = -1/R_5$。i_{S11}、i_{S22} 和 i_{S33} 是流入该节点全部电流源和等效电流源电流的代数和。当电流源电流流入（指向）节点时取"＋"，流出（离开）节点时取"－"。本例中 $i_{S11} = u_{S1}/R_1 - u_{S2}/R_7$，$i_{S22} = 0$，$i_{S33} = i_S + u_{S2}/R_7$。

可见，由独立电流源和线性电阻构成电路的节点电压方程，其系数很有规律，可以用观察电路图的方法直接写出节点电压方程。

一般地，由独立电流源和线性电阻构成的具有 n 个节点的连通电路，其节点电压方程的一般形式为

$$
\left.\begin{aligned}
G_{11}u_{n1}+G_{12}u_{n2}+\cdots+G_{1(n-1)}u_{n(n-1)}&=i_{S11}\\
G_{21}u_{n1}+G_{22}u_{n2}+\cdots+G_{2(n-1)}u_{n(n-1)}&=i_{S22}\\
&\cdots\\
G_{(n-1)1}u_{n1}+G_{(n-1)2}u_{n2}+\cdots+G_{(n-1)(n-1)}u_{n(n-1)}&=i_{S(n-1)(n-1)}
\end{aligned}\right\} \tag{3-12}
$$

式中，G_{11}，G_{22}，$\cdots$，$G_{(n-1)(n-1)}$ 称为节点自电导，它们分别是各节点全部支路电导的总和。自电导总是正值。$G_{ij}(i\neq j)$ 称为节点 i 和 j 的互电导，是节点 i 和 j 之间支路电导总和的负值。当电路中不含有受控源时，$G_{ij}=G_{ji}$。i_{S11}，i_{S22}，$\cdots$，$i_{S(n-1)(n-1)}$ 是流入各节点全部电流源电流的代数和（包括电压源串联电阻形成的等效电流源），当电流源电流流入（指向）节点时取"＋"，流出（离开）节点时取"－"。

求得各节点电压后，可根据 KVL、VCR 求出各支路电压和支路电流。

【例3-7】　用节点电压法求图3-18所示电路中的各支路电压。

解　参考节点和节点电压如图3-18所示。用观察图的方法列出三个节点电压方程，即

$$
\begin{cases}
(2+2+1)u_{n1}-2u_{n2}-u_{n3}=6-18\\
-2u_{n1}+(2+3+6)u_{n2}-6u_{n3}=18-12\\
-u_{n1}-6u_{n2}+(1+6+3)u_{n3}=25-6
\end{cases}
$$

整理得

$$
\begin{cases}
5u_{n1}-2u_{n2}-u_{n3}=-12\\
-2u_{n1}+11u_{n2}-6u_{n3}=6\\
-u_{n1}-6u_{n2}+10u_{n3}=19
\end{cases}
$$

解得

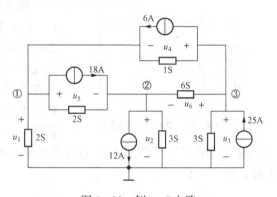

图3-18　例3-7电路

$$
\begin{cases}
u_{n1}=-1\text{V}\\
u_{n2}=2\text{V}\\
u_{n3}=3\text{V}
\end{cases}
$$

各支路电压分别为

$$
u_1=u_{n1}=-1\text{V}
$$

$$
u_2=u_{n2}=2\text{V}
$$

$$
u_3=u_{n3}=3\text{V}
$$

$$
u_4=u_{n3}-u_{n1}=4\text{V}
$$

$$
u_5=u_{n1}-u_{n2}=-3\text{V}
$$

$$
u_6=u_{n3}-u_{n2}=1\text{V}
$$

【例3-8】　电路如图3-19所示，用节点电压法求电压 u。

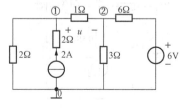

图3-19　例3-8电路

图3-19所示电路中含有电流源与电阻的串联组合，由于电流源的内阻为无穷大，因此该支路的电阻也为无穷大，其支路电导为0，相当于电阻被短路。另外，还可用等效变换的思路将电流源与电阻的串联支路等效为同样大小的电流源。所以，与电流源串联的电阻不出现在节点电压方程的自电导和互电导中。

解 选取参考节点，如图 3-19 所示，列出节点电压方程为

$$\begin{cases} \left(\dfrac{1}{1} + \dfrac{1}{2}\right)u_{n1} - \dfrac{1}{1}u_{n2} = 2 \\ -\dfrac{1}{1}u_{n1} + \left(\dfrac{1}{1} + \dfrac{1}{3} + \dfrac{1}{6}\right)u_{n2} = \dfrac{6}{6} \end{cases}$$

解得

$$\begin{cases} u_{n1} = 3.2\mathrm{V} \\ u_{n2} = 2.8\mathrm{V} \end{cases}$$

所以

$$u = u_{n1} - u_{n2} = 3.2 - 2.8 = 0.4(\mathrm{V})$$

【例 3-9】 用节点电压法求图 3-20 所示电路的各节点电压和 i。

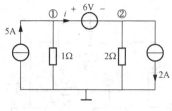

图 3-20 所示电路中存在无伴电压源，不能用式（3-12）建立含有电压源节点的方程，其原因是没有考虑电压源的电流。若有电阻与电压源串联，可以先等效变换为电流源与电阻并联，然后用式（3-12）建立节点方程；若没有电阻与电压源串联，则应增加电压源的电流变量来建立节点方程。此时，由于增加了电流变量，需补充电压源电压与节点电压关系的方程。

图 3-20 例 3-9 电路

解 选定 6V 电压源电流 i 的参考方向，如图 3-20 所示。计入电流变量 i 列出两个节点方程，即

$$\begin{cases} \dfrac{1}{1} \times u_{n1} = 5 - i \\ \dfrac{1}{2} \times u_{n2} = -2 + i \end{cases}$$

补充方程

$$u_{n1} - u_{n2} = 6$$

将节点电压方程和补充方程进行联立求解，得

$$\begin{cases} u_{n1} = 4\mathrm{V} \\ u_{n2} = -2\mathrm{V} \\ i = 1\mathrm{A} \end{cases}$$

这种增加电压源电流变量建立的一组电路方程，称为改进的节点电压方程，它扩大了节点电压方程适用的范围，为很多计算机电路分析程序采用。

【例 3-10】 用节点电压法求图 3-21 所示电路的各节点电压。

解 本例中，选择 10V 无伴电压源的负极所在节点作为参考节点，如图 3-21 所示，则节点①的节点电压必服从于无伴电压源，即 $u_{n1} = 10\mathrm{V}$。对其他节点列相应的节点电压方程，即

$$\begin{cases} -0.5u_{n1} + (0.5 + 0.5)u_{n2} = -0.5 \times 4 - 10 \\ -0.2u_{n1} + (0.2 + 0.2)u_{n3} = 10 - 0.2 \times 10 \end{cases}$$

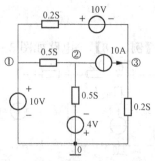

图 3-21 例 3-10 电路

解得

$$\begin{cases} u_{n1} = 10V \\ u_{n2} = -7V \\ u_{n3} = 25V \end{cases}$$

【例 3 - 11】 如图 3 - 22 所示电路中，求电流 i_1 和 i_2。

图 3 - 22 所示电路中含有受控源。在列写节点电压方程时，可将受控源暂时看作独立源，然后将控制量用节点电压表示，即可进行求解。

解 选取参考节点，如图 3 - 22 所示，暂时把两个受控源看作独立源，写在节点电压方程等号的右边，即

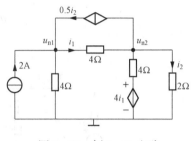

图 3 - 22 例 3 - 11 电路

$$\begin{cases} \left(\dfrac{1}{4} + \dfrac{1}{4}\right)u_{n1} - \dfrac{1}{4}u_{n2} = 2 + 0.5i_2 \\ -\dfrac{1}{4}u_{n1} + \left(\dfrac{1}{4} + \dfrac{1}{4} + \dfrac{1}{2}\right)u_{n2} = \dfrac{4i_1}{4} - 0.5i_2 \end{cases}$$

补充将受控源的控制量用节点电压表示的方程，即

$$\begin{cases} i_1 = \dfrac{u_{n1} - u_{n2}}{4} \\ i_2 = \dfrac{u_{n2}}{2} \end{cases}$$

将节点电压方程和补充方程进行联立求解，可得

$$\begin{cases} u_{n1} = 6V \\ u_{n2} = 2V \end{cases}$$

所以

$$\begin{cases} i_1 = \dfrac{u_{n1} - u_{n2}}{4} = \dfrac{6 - 2}{4} = 1(A) \\ i_2 = \dfrac{u_{n2}}{2} = \dfrac{2}{2} = 1(A) \end{cases}$$

3.5.3 含有一个独立节点的节点电压法——弥尔曼定理

当电路中只含有两个节点，即 $n = 2$ 时，只需列出 $n - 1 = 1$ 个独立节点的节点电压方程即可。在图 3 - 23（a）所示电路中，以节点②为参考节点，可得节点电压方程为

$$\left(\frac{1}{R_1} + \frac{1}{R_2} + \frac{1}{R_3} + \frac{1}{R_4}\right)u_{n1} = \frac{u_{S1}}{R_1} + \frac{u_{S2}}{R_2} - \frac{u_{S4}}{R_4}$$

解得

$$u_{n1} = \frac{\dfrac{u_{S1}}{R_1} + \dfrac{u_{S2}}{R_2} - \dfrac{u_{S4}}{R_4}}{\dfrac{1}{R_1} + \dfrac{1}{R_2} + \dfrac{1}{R_3} + \dfrac{1}{R_4}} = \frac{\displaystyle\sum \dfrac{u_{Sk}}{R_k}}{\displaystyle\sum \dfrac{1}{R_k}} = \frac{\displaystyle\sum G_k u_{Sk}}{\displaystyle\sum G_k} \tag{3 - 13}$$

式（3 - 13）即为含有一个独立节点的节点电压方程，此式又称为弥尔曼定理。其中分子表示流入独立节点的等效电流源电流的代数和，当电压源的参考正极性端连接到独立节点时，该项前面取"＋"，否则取"－"；分母表示独立节点和参考节点之间所有支路的电导之和。

对于图 3-23（b）所示含有电流源的电路，其节点电压方程为

$$\left(\frac{1}{R_1}+\frac{1}{R_2}+\frac{1}{R_4}\right)u_{n1}=\frac{u_{S1}}{R_1}-\frac{u_{S2}}{R_2}+i_{S3}-i_{S5}$$

解得

$$u_{n1}=\frac{\dfrac{u_{S1}}{R_1}-\dfrac{u_{S2}}{R_2}+i_{S3}-i_{S5}}{\dfrac{1}{R_1}+\dfrac{1}{R_2}+\dfrac{1}{R_4}}$$

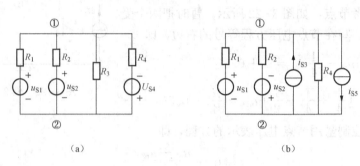

（a）　　　　　　　　　　　　　　　　（b）

图 3-23　弥尔曼定理

弥尔曼定理可以推广为

$$u_{n1}=\frac{\sum G_k u_{Sk}+\sum i_{Sk}}{\sum G_k} \tag{3-14}$$

式（3-14）与式（3-13）相比，其分子多了电流源项代数和，该项表示流入独立节点的电流源电流的代数和，电流源电流流入（指向）独立节点时，该项取"＋"；流出（离开）独立节点时，该项取"－"。

应用节点电压法求解电路的步骤可归纳如下：

（1）选取参考节点，电路中其他节点相对于参考节点的电压即为节点电压。

（2）直接按式（3-12）列写节点电压方程。其中自电导总是正的，互电导总是负的；方程等号的右边是流入该节点的电流源电流的代数和，电流源电流参考方向流入节点时，该电流源电流前面取"＋"；流出节点时，该电流源电流前面取"－"。

（3）电路中含有有伴电压源（电压源与电阻的串联组合）时，将其变换为电流源与电阻的并联；电路中含有无伴电压源时，可按［例 3-9］或［例 3-10］的求解方法处理；电路中含有受控源时，暂时将受控源当作独立源列写方程，然后将控制量用节点电压表示出来（补充一个控制量与节点电压的关系方程）。

（4）联立方程，求解节点电压。

（5）其他分析。

节点电压法在电路的一般分析方法中属于实用方法之一。其适用于平面电路和非平面电路。其优点在于，节点电压选取方便，任意 $n-1$ 个节点就是独立节点；节点电压方程的数目是 $n-1$，比支路电流方程的数目减少了 $b-n+1$。

3.6 实际应用举例——安全用电

3.6.1 安全用电常识

安全用电是指在使用用电设备时，为防止各种电气事故危及人的生命安全及设备的正常运行，所采取的必要的安全措施和规定的用电注意事项。

电流会对人体造成综合性的影响。电流流过人体时，会使肌肉收缩产生运动，造成机械性损伤；电流产生的生物化学效应将引起人体一系列的病理反应和变化，从而使人体遭受严重的损伤。其中尤其严重的是，当电流流经心脏时，即使微弱的电流也可以引起心室纤维性颤动，甚至导致死亡。人体对流经肌体的电流所产生的感觉，随电流的大小变化而不同，伤害程度也不同。当人体流过工频 1mA 或直流 5mA 电流时，人体就会有麻、刺、痛的感觉；当人体流过工频为 20~50mA 或直流为 80mA 电流时，人就会产生麻痹、痉挛、刺痛，血压升高，如果此时不能摆脱电源，就会有生命危险；当人体流过 100mA 以上电流时，人就会呼吸困难，心脏停跳。一般来说，当 10mA 以下工频电流和 50mA 以下直流电流流过人体时，人能摆脱电源，故危险性不太大。

3.6.2 影响触电伤害程度的几个因素

触电对人体的伤害程度主要取决于触电电流的大小。引起触电电流大小变化的因素有以下几个。

（1）人体电阻。人体电阻主要是皮肤电阻，表皮为 0.05~0.2mm 厚的角质层的电阻很大，皮肤干燥时，人体电阻为 6~10kΩ，甚至高达 100kΩ；但角质层容易被破坏，去掉角质层的皮肤电阻为 800~1200Ω；内部组织的电阻为 500~800Ω。

（2）触电电压。触电电压越大，危险性就越大。人体通过 10mA 以上的电流就会有危险。因此，要使通过人体的电流小于 10mA，若人体电阻按 1200Ω 计算，根据欧姆定律：$U=IR=0.01×1200=12$（V）。如果电压小于 12V，则触电电压小于 12V，电流小于 10mA，人体是安全的。我国规定：特别潮湿、容易导电的地方，12V 为安全电压。如果空气干燥，条件较好时，可用 24V 或 36V 电压。一般情况下，12、24、36V 是安全电压的三个级别。

（3）触电时间。触电时间越长，后果就越严重。触电电流与时间的关系为：电流的毫安乘以持续时间，以 mA·s 为单位。我国规定 50mA·s 为安全值。超过这个数值，就会对人体造成伤害。

（4）触电部位及健康状况。触电电流流过呼吸器官和神经中枢时，危害程度较大；流过心脏时，危害程度更大；流过大脑时，会使人立即昏迷。心脏病、内分泌失调、肺病、精神病患者，在同等情况下，危险程度更大些。

3.6.3 验电笔

验电笔是电工经常使用的工具之一，用来判别物体是否带电。它的内部构造是一只有两个电极的灯泡，体内充有氖气，俗称氖泡，它的一极串联一只高电阻后接到笔尖，另一极接到笔的另一端，如图 3-24 所示。

当验电笔测试带电体时，只要带电体、验电笔、人体与大地形成通路，并且带电体与大地之间的电位差超过一定数值（如 60V），验电笔中的氖泡就会发光（其电位无论是交流还

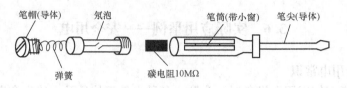

图 3-24　低压验电笔的结构

是直流），这就告诉人们，被测物体带电，并且超过了一定的电压强度。

使用验电笔时，人手接触电笔的部位应该是验电笔顶端的金属，而绝不是试电笔前端的金属探头。使用验电笔要使氖泡小窗背光，以便看清它测出带电体带电时发出的红光。握好验电笔以后，一般用大拇指和食指触摸顶端金属，用笔尖去接触测试点，并同时观察氖泡是否发光。如果验电笔氖泡发光微弱，切不可就此断定带电体电压不够高，可能是验电笔或带电体测试点有污垢，也可能测试的是带电体的地线，这时必须擦干净验电笔或者重新选测试点。反复测试后，氖泡仍然不亮或者微亮，才能确定被测试物体确实不带电。

验电笔的使用方法极为重要，握验电笔也有一定的规则。使用验电笔时，应注意以下事项：

（1）使用验电笔之前，首先要检查验电笔里有无碳电阻，然后直观检查验电笔是否有损坏，有无受潮或进水，检查合格后才能使用。

（2）使用验电笔时，不能用手触及验电笔前端的金属探头，否则会造成人身触电事故。

（3）使用验电笔时，一定要用手触及验电笔尾端的金属部分，否则因带电体、验电笔、人体与大地没有形成回路，验电笔中的氖泡不会发光，造成误判，认为带电体不带电，这是十分危险的。

（4）在测量电气设备是否带电之前，首先要找一个已知电源测一测试电笔的氖泡能否正常发光，若能正常发光，才能使用。

（5）在明亮的光线下测试带电体时，应特别注意验电笔的氖泡是否真的发光（或不发光），必要时可用另一只手遮挡光线仔细判别。千万不要造成误判，将氖泡发光判断为不发光，而将有电判断为无电。

用错误的方法去测试带电体，会造成触电事故，因此必须特别留心。

小　结

本章介绍了直流电阻电路的系统分析方法，包括直接法和间接法。其中，直接法主要是支路电流法，间接法包括网孔电流法、回路电流法和节点电压法。直接法具有简洁、直观和容易理解的特点，但计算量较大，一般适合编程计算；间接法是将电路求解任务分解为两个相对简单的步骤进行，以降低电路的整体计算量，适合手工计算，当然也适合计算机计算。对于具体的电路，求解方法的选用需要根据电路的结构特点和求解任务综合考虑。对手工计算而言，电路结构简单时可用支路电流法。对于一般的电路，大量使用的是间接法。除了题目指定求解方法外，具体的间接法方法选择也需根据具体情况来确定，虽然同一个电路可以用不同的间接法进行求解，但其中可能有一个最简便的方法，这就需要"多看、多练、多总结"，才能培养出直觉。本章的主要内容可总结如下：

1. 直接法——支路电流法

对于一个具有 n 个节点、b 条支路的电路，可选择 b 条支路电流为电路变量，以 $n-1$ 个独立 KCL 方程、$b-n+1$ 个独立 KVL 方程组成一个的线性方程组，并以此进行电路求解。支路电流法要求支路电压能用支路电流表示，否则需特殊处理（如将无伴电流源替换为电压未知的电压源）。支路电流法一般用于拓扑结构较简单的电路，或用于电路的"设计性问题"（已知电路结构、部分元件参数和部分响应信息，求其余某元件的参数）求解。

2. 间接法

（1）网孔电流法。网孔电流法的求解思路是将电路问题的求解分为两个步骤：

1）建立以中间变量——网孔电流为变量的线性方程组并进行求解；

2）利用求出的各网孔电流求出各支路电流（电压）和各元件功率。

网孔电流是一种虚拟（或假想）电流，实际上并不存在，它的作用在于减少方程组的数目，代价是增加了一个求解步骤（只涉及简单的代数运算）。根据图论理论，对于一个具有 n 个节点、b 条支路的电路，其网孔数为 $b-n+1$，变量数目也为 $b-n+1$，方程组包含 $b-n+1$ 个独立的关于网孔电流的方程。总的来说，网孔电流法比支路电流法要简单得多（因为 $n>1$）。

需要注意的是，网孔电流法中的自阻为网孔内所有元件（包括电阻和电源或受控源）的电阻值之和。由于理想电流源的电阻值为无穷大，因此当网孔回路内存在理想电流源时，相应的网孔电流方程不存在。此时，如果只有一个网孔电流流过理想电流源，则该网孔电流为已知（注意其大小和符号），不需要列写其网孔电流方程。如果有两个网孔电流流过理想电流源，则需按替代定理的思路将电流源替换为电压源。

网孔电流法只适用于平面电路。

（2）回路电流法。回路电流法是网孔电流法的推广，网孔电流法是回路电流法的特例，它们的方程组列写规则是相同的。对于具有无伴电流源支路的电路，或用网孔电流法时有两个网孔电流流过待求支路的情形，用回路电流法比网孔电流法简单得多，特别是对第一种情况。回路电流法的方程组规模与网孔电流法的方程组规模相同，但回路电流法的适应性更强，它既适用于平面电路，也适用于非平面（立体）电路。

总的来说，网孔电流法具有直观、简洁和方程列写不易出错的特点，但在求解具有无伴电流源支路的电路时效率较低；回路电流法具有高效、灵活、适应性强的特点，但方程组的列写容易出错。

（3）节点电压法。节点电压法的求解思路是将电路问题的求解分为两个步骤：

1）建立以中间变量——节点电压（独立节点相对于参考节点之间的电压）为变量的线性方程组并进行求解；

2）利用求出的各节点电压求出各支路电流（电压）和各元件功率。

根据图论理论，对于一个具有 n 个节点、b 条支路的电路，其独立节点数为 $n-1$，变量数目也为 $n-1$，方程组中包含 $n-1$ 个独立的节点电压方程，比较适合节点数目少而支路数目多的电路（此时网孔电流法或回路电流法的变量数目较多）。另外，节点电压法列写的是 KCL 方程，不存在回路电流法的回路选择问题，应用起来更加直观和方便。

在列写节点电压方程时，要注意以下几点：

1）当支路仅由电流源构成时，其支路电阻为无穷大，支路电导为 0；

2) 当支路由电流源与电阻串联构成时，其支路电阻也为无穷大，支路电导同样为 0，相当于该电阻被短路；

3) 当电路含有无伴电压源支路时，应尽可能选择该无伴电压源的负极为参考节点，以简化计算。

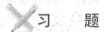 习　　题

3-1　在以下两种情况下，画出图 3-25 所示电路的图，并说明其节点数目和支路数目。

(1) 每个元件作为一条支路处理；

(2) 电压源 (独立或受控) 和电阻的串联组合，电流源和电阻的并联组合作为一条支路处理。

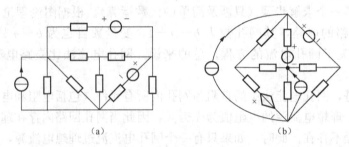

(a)   (b)

图 3-25　题 3-1 图

3-2　对图 3-26 (a) 和 (b) 所示电路的图，各画出四个不同的树，并分别说明树支的数目。

3-3　对图 3-26 所示的 G_1 和 G_2，任选一树并确认其基本回路组，同时指出独立回路的数目和网孔数目。

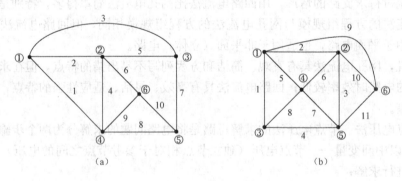

(a)   (b)

图 3-26　题 3-2 图

(a) G_1；(b) G_2

3-4　图 3-27 所示电路中，已知 $R_1=R_2=10\Omega$，$R_3=4\Omega$，$R_4=R_5=8\Omega$，$R_6=2\Omega$，$i_{S1}=1\text{A}$，$u_{S3}=20\text{V}$，$u_{S6}=40\text{V}$。求各支路电流。

3-5　图 3-28 所示电路，各元件参数同题 3-4。求各支路电流。

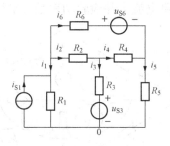

图 3 - 27 题 3 - 4 图

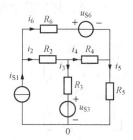

图 3 - 28 题 3 - 5 图

3 - 6 用回路电流法求图 3 - 27 所示电路中的电流 i_1 和 i_5。

3 - 7 用回路电流法求图 3 - 28 所示电路中的电流 i_2 和 i_3。

3 - 8 图 3 - 29 所示电路中，已知 $R_1 = 3\Omega$，$R_3 = 12\Omega$，$R_4 = R_5 = 6\Omega$，$u_{S1} = 10V$，$u_{S2} = u_{S3} = 50V$，$i_{S6} = 2A$。试用回路电流法求电流 i_3 和 i_4。

3 - 9 图 3 - 30 所示电路中，已知 $R_1 = 1\Omega$，$R_2 = 2\Omega$，$R_3 = 3\Omega$，$u_{S1} = 10V$，$u_{S2} = 20V$。试用回路电流法求 i_1 及受控源的功率。

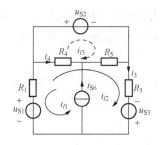

图 3 - 29 题 3 - 8 图

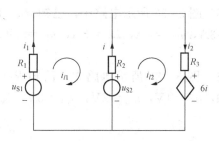

图 3 - 30 题 3 - 9 图

3 - 10 图 3 - 31 所示电路中，已知 $R_1 = 10\Omega$，$R_2 = 5\Omega$，$R_3 = 1\Omega$，$R_4 = 11\Omega$，$R_5 = 1\Omega$，$R_6 = 5\Omega$，$U_{S2} = 20V$，$U_{S3} = 4V$，$U_{S5} = 1V$。试用回路电流法求电流 I_3 及 I_4。

3 - 11 图 3 - 32 所示电路中，已知 $I_{S4} = 5A$，其他参数同题 3 - 10。试用回路电流法求 I_3 及受控源的功率。

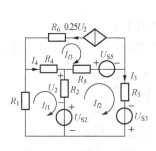

图 3 - 31 题 3 - 10 图

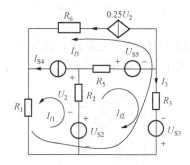

图 3 - 32 题 3 - 11 图

3 - 12 图 3 - 33 所示电路中，已知 $u_{ab} = 5V$。用回路电流法求 u_S。

3 - 13 图 3 - 34 所示电路中，已知 $R_1 = 1\Omega$，$R_2 = 2\Omega$，$R_3 = 3\Omega$，$R_4 = 4\Omega$，$R_5 = 5\Omega$，

$g=0.5\text{S}$，$\mu=4$，$i_{S6}=6\text{A}$。用回路电流法求各支路电流，并检验功率是否平衡。

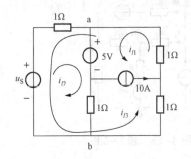

图 3-33　题 3-12 图

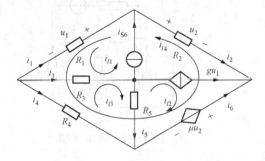

图 3-34　题 3-13 图

3-14　已知某电路的回路电流方程为

$$\begin{cases}5i_{l1}-i_{l2}-2i_{l3}=1\text{V}\\-i_{l1}+6i_{l2}-3i_{l3}=0\\-2i_{l1}-3i_{l2}+8i_{l3}=6\text{V}\end{cases}$$

试画出对应的电路图。

3-15　图 3-35 所示电路中，已知 $R_1=10\Omega$，$R_2=R_3=5\Omega$，$R_5=8\Omega$，$i_{S1}=1\text{A}$，$i_{S2}=2\text{A}$，$i_{S3}=3\text{A}$，$i_{S4}=4\text{A}$，$i_{S5}=5\text{A}$，$u_{S3}=5\text{V}$。以节点 0 为参考点，求节点电压 u_{n1}、u_{n2} 和 u_{n3}。

3-16　图 3-36 所示电路中，已知 $R_1=1/2\Omega$，$R_2=1/3\Omega$，$R_3=1/4\Omega$，$R_4=1/5\Omega$，$R_5=1/6\Omega$，$u_{S1}=1\text{V}$，$u_{S2}=2\text{V}$，$u_{S3}=3\text{V}$，$i_{S3}=3\text{A}$，$u_{S5}=5\text{V}$。试用节点电压法求各支路电流。

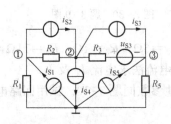

图 3-35　题 3-15 图

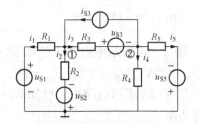

图 3-36　题 3-16 图

3-17　图 3-37 所示电路中，试用节点电压法求 I 和 U。

3-18　试用节点电压法求图 3-38 所示电路中的节点电压 U_{n1}、U_{n2} 和电流 I。

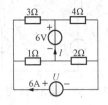

图 3-37　题 3-17 图

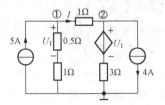

图 3-38　题 3-18 图

3-19　试用节点电压法求图 3-39 所示电路中受控电压源的功率。

3-20　图 3-40 所示电路中，已知 $\alpha=4$，其他参数如图所示。试用节点电压法求 I_0。

3-21　图 3-40 所示电路中，若 $I_0=10\text{A}$，试用节点电压法求 α。

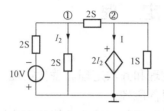

图 3-39　题 3-19 图

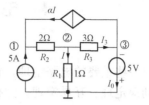

图 3-40　题 3-20 图

3-22　图 3-41 所示电路中，已知节点电压 $U_{n1}=6\text{V}$。求节点电压 U_{n2} 和电流源电流 I_S。

3-23　图 3-42 所示电路中，已知 $u_S=1\text{V}$，$i_S=1\text{A}$。试用节点电压法求受控源的功率。

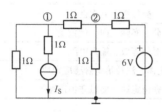

图 3-41　题 3-22 图

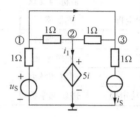

图 3-42　题 3-23 图

3-24　图 3-43 所示电路中，各元件参数均已知。试用节点电压法列出足以求解该电路的方程。

3-25　用节点电压法求图 3-44 所示电路中的电流 i 及受控源吸收的功率。

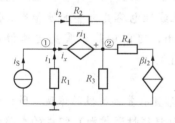

图 3-43　题 3-24 图

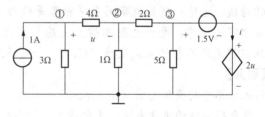

图 3-44　题 3-25 图

4　电　路　定　理

本章将介绍一些重要的电路定理，包括叠加定理和齐次定理、替代定理、戴维南定理和诺顿定理、特勒根定理、互易定理，并扼要介绍对偶原理。

这些定理反映了电路的一些重要性质，在对电路进行分析、计算和理论探讨时，起着重要的作用。在掌握这些电路定理内容的同时，还必须注意它们的适用范围。

【教学要求及目标】

知识要点	目标与要求	相关知识	掌握程度评价
叠加定理和齐次定理	熟练掌握	叠加性、齐次性	
替代定理	熟练掌握	微分、实际方向、代数量	
戴维南定理	熟练掌握	对外等效、输入电阻	
诺顿定理	理解和掌握	欧姆定律、法拉第电磁感应定律	
特勒根定理、互易定理	理解和掌握	电荷守恒定律、能量守恒定律	

4.1　叠加定理和齐次定理

【基本概念】

叠加性和齐次性：叠加性和齐次性是线性方程的基本特征。由线性元件和独立源构成的电路称为线性电路，线性电路的数学模型是线性方程，因此线性电路具有叠加性和齐次性。

基尔霍夫定律：叠加定理本质上是基尔霍夫定律的应用，可以由基尔霍夫定律推导出来。基尔霍夫定律包括电流定律（KCL）和电压定律（KVL）。

【引入】

线性电路中的叠加定理（superposition theorem）就是电路具有叠加特性的体现。所谓线性电路，从电路构成的角度来说，凡由独立电源和线性元件（包括线性受控源）组成的电路均为线性电路。从输入对电路响应的影响来说，同时满足可加性和齐次性的电路即为线性电路。

从数学角度说明叠加性和齐次性如下：

对于方程

$$f(x) = y \tag{4-1}$$

设

$$f(x_1) = y_1, \quad f(x_2) = y_2$$

若

$$f(x_1 + x_2) = y_1 + y_2 \tag{4-2}$$

成立，则称式（4-1）具有叠加性；

对于任意常数 k，若

$$f(kx_1) = ky_1 \tag{4-3}$$

成立，则称式（4-1）具有齐次性。

4.1.1 叠加定理

叠加定理：线性电路在多组激励共同作用时，任意支路的电流或电压响应等于每组激励单独作用时，在该支路中产生的各电流分量或电压分量响应的代数和。

若线性电路中有 l 个独立源，其分别为 e_1, e_2, …, e_l。考虑 l 组激励情况时，每组激励中只有一个独立源单独作用，其他独立源为零。由叠加定理可知，在 l 个独立源的共同作用下，该电路中任何支路的电流或电压响应 x_0 等于每一个独立源单独作用时该响应的叠加。设第 m 个独立源单独作用时的响应为 x_0^m，则 l 个独立源共同作用时，该响应为

$$x_0 = \sum_{m=1}^{l} x_0^m \qquad (4-4)$$

式 (4-4) 即叠加定理的数学表达式。

对于线性电阻电路，由式 (4-4) 有 $x_0^m = d_m e_m (m=1, 2, …, l)$，则式 (4-4) 可写为

$$x_0 = \sum_{m=1}^{l} x_0^m = \sum_{m=1}^{l} d_m e_m \qquad (4-5)$$

式中，$d_m(m=1, 2, …, l)$ 为实常数。

式 (4-4) 表明：线性电阻电路中任意支路电流或电压响应是所有独立源的线性函数，综合反映了线性电阻电路的齐次性和叠加性。

叠加定理在线性电路的分析中起着重要的作用，它是分析线性电路的基础。线性电路中很多定理都与叠加定理有关。直接应用叠加定理计算和分析电路时，可将电源分成几组，按组计算之后再叠加，有时可简化计算。

当电路中存在受控源时，叠加定理仍然适用，但在进行各分电路计算时，应把受控源保留在各分电路中。

使用叠加定理时应注意以下几点：

(1) 叠加定理适用于线性电路，不适用于非线性电路。

(2) 在叠加的各分电路中，将不起作用的电压源置零，即电压源处用短路代替；将不起作用的电流源置零，即电流源处用开路代替。其他元件（包括受控源）的参数及连接方式都不能改变。

(3) 叠加定理不适用于功率的计算，因为功率是电压、电流的二次函数，与激励不成线性关系。

(4) 根据各分电路中电压和电流参考方向的具体情况，取代数和时注意各分量前的"+"和"－"。

【例 4-1】 在图 4-1 (a) 所示电路图中，已知 $u_S=10V$，$i_S=4A$。求 i_1、i_2 及 R_1 的功率 P。

解 (1) 电压源 u_S 单独作用时，电流源 i_S 用开路代替，电路如图 4-1 (b) 所示。由图可得

$$i_1' = i_2' = \frac{u_S}{6+4} = \frac{10}{10} = 1A$$

(2) 电流源 i_S 单独作用时，电压源 u_S 用短路代替，电路如图 4-1 (c) 所示。由分流公式可得

$$i_1'' = -\frac{4i_S}{6+4} = -\frac{4 \times 4}{10} = -1.6A$$

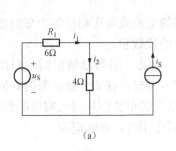 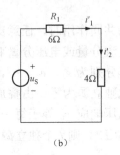 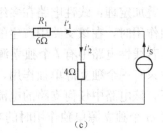

(a)   (b)   (c)

图 4-1　例 4-1 图

$$i''_2 = \frac{6i_S}{6+4} = \frac{6 \times 4}{10} = 2.4\text{A}$$

（3）两个电源共同作用时的解为

$$i_1 = i'_1 + i''_1 = -0.6\text{A}$$

$$i_2 = i'_2 + i''_2 = 3.4\text{A}$$

$$P = R_1 i_1^2 = 6 \times (-0.6)^2 = 2.16(\text{W})$$

 注　意

$$P \neq P' + P''。$$

【例 4-2】　电路如图 4-2（a）所示，已知 $r = 2\Omega$。用叠加定理求电流 i 和电压 u。

解　（1）12V 电压源单独作用时，电流源用开路代替，电路如图 4-2（b）所示（注意：分电路中均保留受控源），列写 KVL 方程为

$$2i' + 1i' + 12 + 3i' = 0$$

解得

$$i' = -2\text{A}, \quad u' = -3i' = 6\text{V}$$

（2）6A 电流源单独作用时，电压源用短路代替，电路如图 4-2（c）所示，列写 KVL 方程为

$$2i'' + 1 \times i'' - 3 \times (6 - i'') = 0$$

解得

$$i'' = 3\text{A}, \quad u'' = 3 \times (6 - i'') = 9\text{V}$$

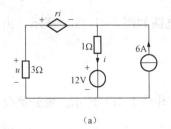 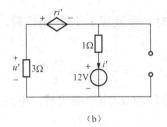 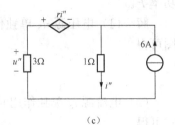

(a)   (b)   (c)

图 4-2　例 4-2 图

（3）两个电源共同作用时的解为

$$i = i' + i'' = -2 + 3 = 1A$$

$$u = u' + u'' = 6 + 9 = 15V$$

【例 4 - 3】　用叠加定理求图 4 - 3（a）电路中的电压 u。

解　（1）理想电压源单独作用时，电流源用开路代替，电路如图 4 - 3（b）所示。可得

$$u' = \frac{R_4}{R_2 + R_4} u_S$$

（2）理想电流源单独作用时，电压源用短路代替，电路如图 4 - 3（c）所示。可得

$$u'' = \frac{R_2 R_4}{R_2 + R_4} i_S$$

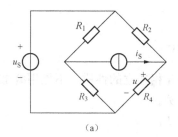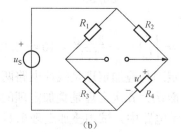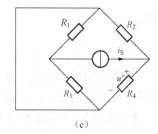

图 4 - 3　例 4 - 3 图

（3）根据叠加定理可得

$$u = u' + u'' = \frac{R_4}{R_2 + R_4}(u_S + R_2 i_S)$$

4.1.2　齐次定理

齐次定理：若将线性电路中的所有激励增大为原来的 k 倍，则该电路中任意支路的电流或电压响应同时增大为原来的 k 倍；若线性电阻电路中只有一个激励增大为原来的 k 倍，则只是由它产生的电流分量或电压分量增大为原来的 k 倍。

【例 4 - 4】　求图 4 - 4 所示梯形电路的电压 U。

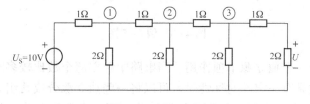

图 4 - 4　例 4 - 4 图

解　利用线性电路的齐次性求解。首先假设所求电压 U' 为某值（尽可能使运算简单），然后计算出电源电压 U'_S，根据齐次定理，则

$$\frac{U_S}{U} = \frac{U'_S}{U'}$$

根据此式便可求得 U_S 作用下的 U。

假设 $U' = 2V$，由图 4 - 4 所示电路中已知电阻值可得节点③的电压，即

$$U'_3 = \frac{3}{2}U' = 3\text{V}$$

节点②的电压为

$$U'_2 = \frac{1+6/5}{6/5}U'_3 = \frac{11}{2}\text{V}$$

节点①的电压为

$$U'_1 = \frac{1+22/21}{22/21}U'_2 = \frac{43}{4}\text{V}$$

此时的电源电压为

$$U'_s = \frac{1+86/85}{86/85}U'_1 = \frac{171}{8}\text{V}$$

所以

$$U = \frac{U'}{U'_s}U_s = \frac{2\times8}{171}\times10 \approx 0.936\text{V}$$

需要特别指出的是，齐次定理与叠加定理是线性电路两个互相独立的性质，不能用叠加定理代替齐次定理，也不能片面认为齐次定理是叠加定理的特例。

【例 4 - 5】　在图 4 - 5 所示电路中，试用叠加定理求 U 和 I。

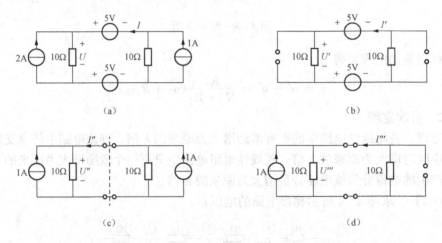

图 4 - 5　例 4 - 5 图

解　叠加不限于一个独立源单独作用，当电路中独立源个数比较多时，特别是某些电路结构和电路元件参数具有一定的对称性时，可以将一些独立源分成几组，从而简化电路的计算。对于图 4 - 5（a）所示电路，可把电压源分为一组，电流源分为一组，并将 2A 电流源分解为两个 1A 的电流源，如图 4 - 5（b）～（d）所示。

在图 4 - 5（b）所示电路中，有两个电压源作用，可得

$$I' = \frac{5-5}{10+10} = 0$$

$$U' = 10\times0 = 0$$

在图 4 - 5（c）所示电路中，在两个 1A 电流源作用下，电路的左右部分关于图中所示的虚线对称，所以有 $I''=0$，即

$$U'' = 1\times10 = 10（\text{V}）$$

在图 4-5（d）所示电路中，有

$$U''' = 1 \times 5 = 5(\text{V})$$

$$I''' = -\frac{10}{10+10} \times 1 = -0.5(\text{A})$$

由叠加定理可得

$$I = I' + I'' + I''' = 0 + 0 - 0.5 = -0.5(\text{A})$$

$$U = U' + U'' + U''' = 0 + 10 + 5 = 15(\text{V})$$

4.2 替 代 定 理

【基本概念】

基尔霍夫定律：基尔霍夫定律是电路理论中最基本也是最重要的定律之一。它概括了集总参数电路中电流和电压分别遵循的基本规律，包括基尔霍夫电流定律（KCL：$\sum i = 0$）和基尔霍夫电压定律（KVL：$\sum u = 0$）。

欧姆定律：理想电阻元件 R 的电压 u、电流 i 取关联参考方向下满足 $u = Ri$。

对外等效：两个具有相同端口伏安特性的二端网络互为等效。将二端网络用其等效电路替换前后，外电路中的电压、电流不变。

【引入】

图 4-6（a）为一平衡电桥电路，桥路上电流 $i_g = 0$，桥路两端电压 $u_{ac} = 0$，若要计算电流 i，首先计算等效电阻 R_{bd}。因 $i_g = 0$，故可将 R_g 开路，如图 4-6（b）所示。

于是得

$$R_{bd} = \frac{(6+12)(6+3)}{(6+12)+(6+3)} = 6(\Omega)$$

另一方面，由于 R_g 两端电压 $u_{ac} = 0$，因此又可将 R_g 短路，如图 4-6（c）所示。

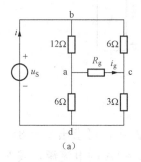 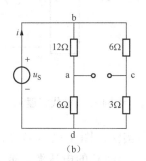 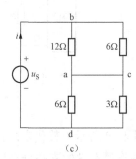

图 4-6 引入图

从而有

$$R_{bd} = \frac{12 \times 6}{12+6} + \frac{6 \times 3}{6+3} = 6(\Omega)$$

两种情况求得的 R_{bd} 是相同的，当然在 u_S 相同的条件下求得的电流 i 也相同。

这个例子说明，当某一支路上的电流为零时，可以将其开路；当某一支路两端电压为零时，可以将其短路。遇到这样的问题时，经开路或者短路后，电路的连接关系虽然发生了变化，但对电路的状态并无影响。由此联想到，若知道某条支路中不为零的电流，或某条支路两端不为零的电压，该支路能否用某种方式替代而不影响其他部分的工作状态呢？替代定理可以很好地解决这个问题。

在有唯一解的集总参数电路中，若已知其中第 k 条支路的端电压为 u_k，电流为 i_k，且该支路与电路中其他支路无耦合，则无论该支路由哪些元件组成，则可用下列元件替代：

(1) 电压等于 $u_S = u_k$ 的理想电压源；

(2) 电流等于 $i_S = i_k$ 的理想电流源；

(3) 阻值为 $R = u_k / i_k$ 的电阻。

若替代后的电路也有唯一解，那么替代后各支路的电流和电压也不变。

图 4-7 (a) 所示电路为原电路，图 4-7 (b) 是将 N_B 替代为一个电压源 u_S，图 4-7 (c) 是将 N_B 替代为一个电流源 i_S，图 4-7 (d) 是将 N_B 替代为一个电阻 R，而图 4-7 (a) ~ (d) 四个电路图中，N_A 中的电压、电流都是相同的。

图 4-7 (e) 所示为替代定理的证明过程〔仅给出了图 4-7 (b) 所示的电压源替代 N_B 的证明〕。首先在 N_B 的端子 a、c 间串联两个电压方向相反，但激励电压均为 u_S 的电压源，这不会影响 N_A 及 N_B 内的各电压、电流。令 $u_S = u_P$，可见 b、d 之间的电压 $u_{bd} = 0$，用一条短路线将 b、d 两点短接就得到与图 4-7 (b) 相同的电路，即把 N_B 替代为一个 $u_S = u_P$ 的电压源。

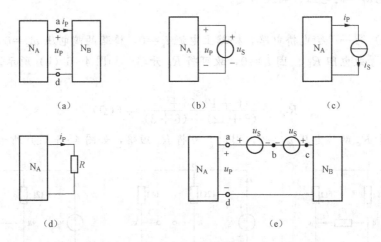

图 4-7 替代定理

图 4-8 所示为替代定理的应用实例。图 4-8 (a) 所示电路中，可求出 $u_3 = 8V$，$i_3 = 1A$。现将最右端的支路分别以 $u_S = u_3 = 8V$ 的电压源，或 $i_S = i_3 = 1A$ 的电流源，或 $R = u_3 / i_3 = 8\Omega$ 的电阻替代，如图 4-8 (b) ~ (d) 所示。不难看出，在图 4-8 所示的四个电路中，其他部分的电压和电流均保持不变。

如果第 k 条支路中的电压或电流为其他支路中受控源的控制量，而替代后该电压或电流不存在，则该支路不能被替代。

替代定理与等效变换不同，二端网络进行等效变换是根据其端口伏安特性不变的原则进行。二端网络的伏安特性只与其内部结构及参数有关，与电路其余部分无关；但替代定理则是根据已知的电流或电压进行的，与整个电路有关。

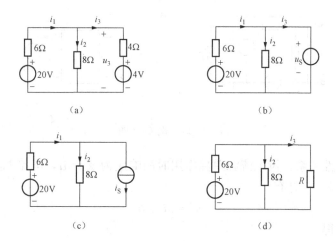

图 4 - 8 替代定理应用实例

【例 4 - 6】 在图 4 - 9 所示电路中,已知 $R_1 = 4\Omega$,$R_4 = 2\Omega$,$I_2 = I_3 = 0.5\text{A}$,$U_5 = 2\text{V}$,$U_{S6} = 8\text{V}$。应用替代定理求电阻 R_2、R_3、R_5。

解 将 R_2、R_3 用 0.5A 电流源替代,将 R_5 用 2V 电压源替代,如图 4 - 10 所示。

用回路电流法求解,待求的回路电流方向如图 4 - 16 所示,则回路电流方程为

$$I_{l1} = I_{l2} = 0.5 \tag{4 - 6}$$

$$-4I_{l1} - 2I_{l2} + (2 + 4)I_{l3} = -2 \tag{4 - 7}$$

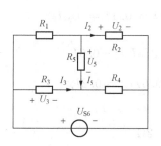

图 4 - 9 例 4 - 6 图

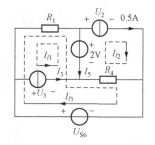

图 4 - 10 例 4 - 6 图解

将式(4 - 6)带入式(4 - 7),可求得 $I_{l3} = 1.5\text{A}$,所以

$$I_5 = I_{l3} - I_{l1} - I_{l2} = 0.5\text{A}, \quad U_2 = 2 + 2 \times (I_{l3} - I_{l2}) = 4\text{V}$$

$$U_3 = (I_{l3} - I_{l1})R_1 + 2 = (1.5 - 0.5) \times 4 + 2 = 6\text{V}$$

由此可得

$$R_2 = \frac{U_2}{I_2} = 8\Omega, \quad R_3 = \frac{U_3}{I_3} = \frac{R_1(I_{l3} - I_{l1}) + 2}{I_3} = 12\Omega, \quad R_5 = \frac{U_5}{I_5} = 4\Omega$$

【例 4 - 7】 在图 4 - 11(a)所示电路中,当改变电位器 R_P 的值时,电路中各处电压和电流都将随之改变。已知当 $i = 1\text{A}$ 时,$u = 20\text{V}$;当 $i = 2\text{A}$ 时,$u = 30\text{V}$。当 $i = 3\text{A}$ 时,试求 u。

解 首先将图 4 - 17 所示点画线框内的电路作为含源的线性电阻电路 N_S,因电阻支路的电流已知,根据替代定理,可将支路电阻用电流源来替代,如图 4 - 11(b)所示。

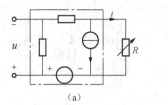 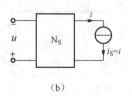

图 4-11　例 4-7 图

　　根据电路的线性关系，设电流源单独作用时的响应为 $u'=ai$，电路 N_S 中独立源单独作用时的响应为 $u''=b$，于是有

$$u = ai + b$$

代入已知条件，解得

$$a = 10\Omega, \quad b = 10V$$

于是有

$$u = 10i + 10$$

所以，当 $i=3A$ 时

$$u = 40V$$

【例 4-8】　　在图 4-12（a）所示电路中，若要使 $I_x = I/8$，试求 R_x。

　　解　　用替代定理，将图 4-12（a）所示电路变换为图 4-12（b）所示电路。而图 4-12（b）所示电路电路又能表示为 4-12（c）和图 4-12（d）两个图的叠加，因此有

$$U' = \frac{1}{2.5} I \times 1 - \frac{1.5}{2.5} \times 0.5I = 0.1I = 0.8I_x$$

$$U'' = -\frac{1.5}{2.5} \times \frac{1}{8} I = -0.075I = -0.6I_x$$

$$U = U' + U'' = (0.8 - 0.6)I_x = 0.2I_x$$

解得

$$R_x = \frac{U}{I_x} = 0.2\Omega$$

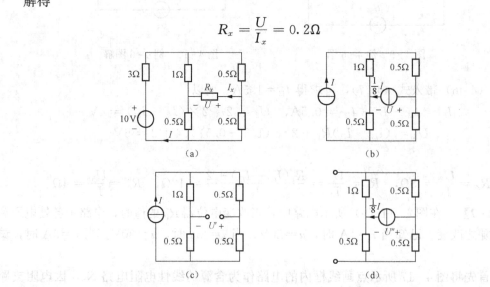

图 4-12　例 4-8 图

【例 4 - 9】　在图 4 - 13 所示电路中，求电流 I_1。

解　图 4 - 13（a）所示电路可以替代为图 4 - 13（b）所示电路，故有

$$I_1 = \frac{7}{4+2} + \frac{2}{4+2} \times 4 = 2.5\text{A}$$

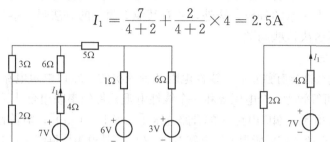

图 4 - 13　例 4 - 9 图

4.3　戴维南定理、诺顿定理和最大功率传输定理

【基本概念】

对外等效：当电路中某一部分用其等效电路代替后，未被代替的部分电压和电流均保持不变，该部分仅限于等效电路以外，这就是对外等效。

输入电阻：也是端口的等效电阻，定义为无源一端口的端口电压与端口电流（关联参考方向下）的比值。

线性电路分析方法：

（1）支路电流法。对 n 个节点、b 条支路的电路，以支路电流为未知量，列写 $n-1$ 个独立的 KCL 方程和 $b-n+1$ 个独立的 KVL 方程。

（2）回路电流法。对 n 个节点、b 条支路的电路，以回路电流为未知量，列写 $b-n+1$ 个独立的 KVL 方程。

（3）节点电压法。对 n 个节点、b 条支路的电路，以节点电压为未知量，列写 $n-1$ 个独立的 KCL 方程。

（4）叠加定理。线性电路在多组激励共同作用下，任意支路的电流或电压响应等于每组激励单独作用时（其他激励不作用），在该支路中产生的各电流分量或电压分量响应的代数和。

（5）替代定理等。

【引入】

戴维南定理（Thevenin's theorem）由法国电讯工程师戴维南于 1883 年提出，诺顿定理（Norton's theorem）由美国贝尔电话实验室工程师诺顿于 1926 年提出。

实际工程中许多电子设备所用的电源，无论是直流稳压电源，还是各种波形的信号发生器，其内部电路结构都是相当复杂的，但它们在向外供电时都是只引出两个端子接到负载。可以说它们是一个含源一端口网络。当所接负载不同时，一端口网络传输给负载的功率也不同。对于给定的含源一端口电路，当外接负载为何值时电路传输给负载的功率最大？负载能得到的最大功率又是多少呢？

对于一个不含有独立源、仅含有线性电阻和受控源的一端口网络，可以用一个等效电阻

（输入电阻）来代替。但是，对于一个既含有独立源又含有线性电阻和受控源的一端口网络，应该怎样进行简化等效呢？或者，如果只需要求解和分析一个完整电路中的某一条支路或元件的电压和电流，除了上一章的分析方法外，还有其他更简单的方法吗？本节介绍的戴维南定理和诺顿定理就可以解决这些问题。

4.3.1　戴维南定理

戴维南定理：任何线性含有独立源、线性电阻和受控源的一端口电阻电路 N［见图 4 - 14（a）］，对外电路来说，可等效为一个电压源和一个线性电阻元件的串联组合［见图 4 - 14（b）］。其中，电压源的电压 u_{OC} 等于一端口电路 N 的开路电压［见图 4 - 14（c）］，串联的电阻 R_{eq} 等于一端口电路 N 内的全部独立源置零后所得无源电路 N_0 的入端等效电阻［见图 4 - 14（d）］。

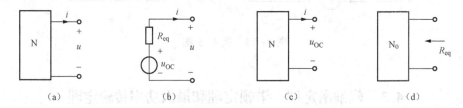

图 4 - 14　戴维南定理

证明：设图 4 - 15（a）所示的二端网络 N 由线性电阻元件、线性受控源和独立源构成，M 为任意外电路。为求网络 N 的等效电路，应先求其端口伏安特性。假设端口电流 i 已知，根据替代定理，可将任意外电路 M 用一个电流源替代，如图 4 - 15（b）所示，该电路中含有两组独立源，一组是端口所接独立源，另一组是网络 N 内部的独立源。用叠加定理求端口电压 u。当网络 N 内部的独立源单独作用时，端口电流源为零，即开路，如图 4 - 15（c）所示，求得 $u'=u_{OC}$；当端口电流源单独作用时，则网络 N 内部的独立源为零，所得无源两端口电路用 N_0 表示，如图 4 - 15（d）所示，求得 $u''=R_{eq}i$。其中，R_{eq} 为 N_0 的端口等效电阻。根据叠加定理，有

$$u = u' + u'' = u_{OC} + R_{eq}i \tag{4-8}$$

式（4-8）即两端网络 N 的端口伏安关系式。根据该式可构造出网络 N 的等效电路为电压源 u_{OC} 与电阻 R_{eq} 的串联。对于任意外电路 M 而言，图 4 - 15（a）与图 4 - 15（e）所示电路是等效的。

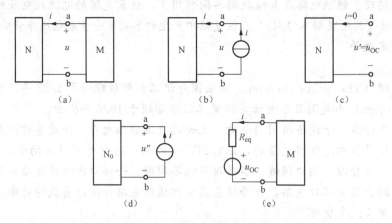

图 4 - 15　戴维南定理的证明

当一端口电路用戴维南等效电路置换后，端口以外的电路（称为外电路）中的电压、电流均保持不变，这种等效也是对外等效。

【例 4 - 10】 在图 4 - 16 所示电路中，已知 $u_{S1}=40\text{V}$，$u_{S2}=40\text{V}$，$R_1=4\Omega$，$R_2=2\Omega$，$R_3=5\Omega$，$R_4=10\Omega$，$R_5=8\Omega$，$R_6=2\Omega$。求通过 R_3 的电流 i_3。

解 将 R_3 的左、右两部分的电路分别看为一端口网络而加以简化。

（1）a、b 左侧是一个含源一端口，如图 4 - 17 所示，求开路电压及等效电阻较方便。

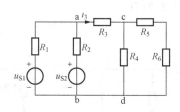
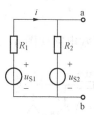

图 4 - 16　例 4 - 10 图　　　　　　　图 4 - 17　例 4 - 10 图解

其中

$$u_{OC} = R_2 i + u_{S2} = R_2 \frac{u_{S1} - u_{S2}}{R_1 + R_2} + u_{S2} = 40\text{V}$$

$$R_{eq} = \frac{R_1 R_2}{R_1 + R_2} \approx 1.33\Omega$$

它的戴维南等效电路如图 4 - 18 所示。

（2）c、d 右侧的无源一端口等效电阻为

$$R_{cd} = \frac{R_4 (R_5 + R_6)}{R_4 + R_5 + R_6} = 5\Omega$$

则图 4 - 16 所示电路可以简化为图 4 - 19 所示电路，可求得通过 R_3 的电流为

$$i_3 = \frac{u_{OC}}{R_{eq} + R_3 + R_{cd}} \approx 3.53\text{A}$$

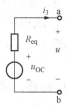

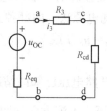

图 4 - 18　例 4 - 10 戴维南等效电路　　　　图 4 - 19　例 4 - 10 求解电路

【例 4 - 11】 求图 4 - 20（a）所示含源一端口网络的戴维南等效电路。（$i_C = 0.75 i_1$）

解 （1）先求开路电压 u_{OC}。在图 4 - 20（a）所示电路中，当外电路开路时有

$$i_2 = i_1 + i_C = 1.75 i_1$$

对左侧网孔沿顺时针方向列 KVL 方程，得

$$5 \times 10^3 \times i_1 + 20 \times 10^3 \times i_2 = 40$$

代入 $i_2 = 1.75 i_1$，可以求得 $i_1 = 10\text{mA}$，则开路电压为

$$u_{OC} = 20 \times 10^3 \times i_2 = 35\text{V}$$

（2）利用短路电流法求等效电阻 R_{eq}。当端口 1 与端口 $1'$ 之间短路时，如图 4-20（b）所示，可求短路电流 i_{SC}，此时

$$i_1 = \frac{40}{5 \times 10^3} = 8mA$$

$$i_{SC} = i_1 + i_C = 1.75i_1 = 14mA$$

则有

$$R_{eq} = \frac{u_{OC}}{i_{SC}} = 2.5k\Omega$$

（3）戴维南等效电路如图 4-20（b）所示。

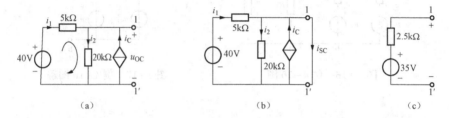

(a)   (b)   (c)

图 4-20 例 4-11 图

由以上例题总结可知，求戴维南等效电路的步骤如下：

（1）计算开路电压 u_{OC}，即计算将外电路断开后，开路位置的电压。具体求解方法可用前面章节所学的方法，如节点电压法、回路电流法等。

（2）计算等效电阻 R_{eq}。对于含源的一端口电路，求解 R_{eq} 时分两种情况，具体分析如下：

①对于不含受控源的一端口电路，先将端口内部独立源全部置零后（电压源用短路代替，电流源用开路代替）得到无源两端电路，应用电阻的串、并联或 Y-△变换的方法直接化简得到等效电阻；

②对于含有受控源的一端口电路，可应用外加电源法和开路、短路法两种方法。

方法 a：外加电源法（内部独立源置零），即外加电压源 u_S，求电流 i 或外加电流源 i_S，求电压 u，则 $R_{eq}=u_S/i$ 或 $R_{eq}=u/i_S$，具体电压、电流方向如图 4-21（a）和图 4-21（b）所示。

方法 b：在开路电压已知的情况下，将开路的两个端子直接短路，求其短路电流为 i_{SC}，则 $R_{eq}=\dfrac{u_{OC}}{i_{SC}}$，电压、电流方向如图 4-21（c）所示。

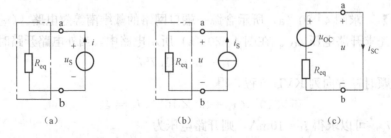

（a）   （b）   （c）

图 4-21 求 R_{eq} 的电路

4.3.2 诺顿定理

诺顿定理：任何线性含有独立源、线性电阻和受控源的一端口电阻电路 N 如图 4 - 22 (a) 所示，其对于外电路来说，可等效为一个电流源和一个线性电阻元件的并联组合，如图 4 - 22 (b) 所示。其中，电流源的电流 i_{SC} 等于一端口电路 N 的端口短路时的电流，并联的电阻 R_{eq} 等于一端口电路 N 内的全部独立源置零后所得电路 N_0 的入端等效电阻（M 为任意外电路）。

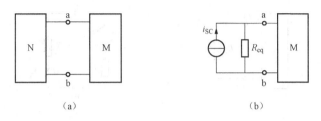

图 4 - 22 诺顿定理

一般情况下，诺顿等效电路可由戴维南等效电路经电源等效变换得到。诺顿定理可采用与戴维南定理类似的方法证明。

电流源 i_{SC} 与电阻 R_{eq} 的并联等效电路成为两端电路的诺顿等效电路。该等效电路与外电路无关，只决定于网络的结构和参数。

用戴维南定理或诺顿定理简化电路时，应根据具体情况划分两端电路。在划分电路时还应注意被简化的两端电路与外电路之间不能有控制和被控制的关系，即被简化的部分应是一个真正的两端电路。

> **注 意**
>
> 一个两端网络可含有戴维南等效电路，也可含有诺顿等效电路。但是，若某两端网络的 $R_{\text{eq}}=0$，则只可得到戴维南等效电路；若 $R_{\text{eq}}=\infty$，则只可得到诺顿等效电路。一般情况下，同一个两端网络的戴维南等效电路和诺顿等效电路是可以相互转换的。

戴维南定理和诺顿定理在电路分析中应用广泛。在一个复杂电路中，如果对某些一端口（内部是线性电路，且与端口外部无受控关系）其内部的电压、电流无求解需求，就可应用这两个定理将这些一端口简化。特别是仅对电路的某一元件感兴趣时，这两个定理尤为适用。

4.3.3 最大功率传输定理

考虑含有独立源线性电阻两端网络 N 接有一可调的负载电阻 R_L，如图 4 - 23 (a) 所示。该负载吸收的功率与其电阻值有关。在工程中，常希望负载能获得最大功率，那么负载电阻满足什么条件时，它可获得最大功率呢？这就是电路中的最大功率传输问题。

将两端网络 N 用戴维南定理化简，得到图 4 - 23 (b) 所示电路，负载的功率为

$$P = R_L i^2 = R_L \frac{U_{\text{OC}}^2}{(R_L + R_{\text{eq}})^2}$$

将 R_L 看为变量，P 将随 R_L 变化，最大功率发生在 $dP/dR_L=0$ 的条件下，即

$$\frac{dP}{dR_L}=\frac{U_{OC}^2\left[(R_{eq}+R_L)^2-2R_L(R_{eq}+R_L)\right]}{(R_{eq}+R_L)^4}=0$$

当负载电阻 R_L 与戴维南等效电阻 R_{eq} 相等时，即

$$R_L=R_{eq}$$

称之为最大功率匹配条件。

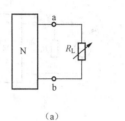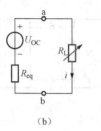

（a）　　　　　　　　　　　　（b）

图 4 - 23　最大功率传输定理

负载电阻可从含源线性两端网络获得最大功率。此时最大功率为

$$P_{max}=\frac{U_{OC}^2}{4R_{eq}}$$

而戴维南等效电路中电压源 U_{OC} 的效率为

$$\eta=\frac{负载所获功率}{U_{OC}\ 所产生的功率}=\frac{R_LI^2}{(R_{eq}+R_L)I^2}\xrightarrow{R_L=R_{eq}}\frac{1}{2}=50\%$$

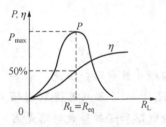

图 4 - 24　负载及效率随
负载变化的曲线

可见，此时等效电电源 U_{OC} 的效率只达 50%，而 U_{OC} 所产生的功率有一半损耗在等效电阻 R_{eq} 上，这在电力系统中是绝不允许的，故电力系统中通常取 $R_L\ll R_{eq}$。负载电阻吸收的功率 P 和电压源 U_{OC} 的效率 η 随负载电阻变化的曲线如图 4 - 24 所示。

应用最大功率传输定理要注意：

（1）最大功率传输定理用于一端口电路给定，负载电阻可调的情况，而不是 R_{eq} 可调；

（2）一端口等效电阻消耗的功率一般并不等于端口内部消耗的功率，因此当负载取最大功率时，电路的传输效率并不一定是 50%；

（3）计算最大功率问题结合应用戴维南定理或诺顿定理最方便。

【例 4 - 12】　在图 4 - 25（a）所示电路中，问 R_L 为何值时，其可取得最大功率？并求此最大功率 P_{max} 和电压源的效率 η。

解　（1）先求出 R_L 左侧含源一端口网络的戴维南等效电路，可得 $U_{OC}=10V$，$R_{eq}=2.5\Omega$，其等效电路如图 4 - 25（b）所示。

（2）据最大功率的匹配条件可知，当 $R_L=R_{eq}=2.5\Omega$ 时，可得最大功率为

$$P_{max}=\frac{U_{OC}^2}{4R_{eq}}=\frac{10^2}{4\times2.5}=10(W)$$

（3）在图 4 - 25（a）所示电路中，R_L 的电流为 2A，故与 R_L 并联的 5Ω 电阻电流为 1A，所以 20V 电压源的电流为 3A，则电压源发出的功率 $P_S=20\times3=60$（W），因此

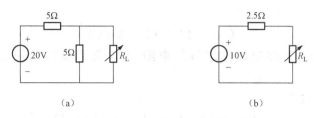

图 4 - 25 例 4 - 12 图

$$\eta = \frac{P_{\max}}{P_S} = \frac{10}{60} = \frac{1}{6} \approx 16.67\%$$

【例 4 - 13】 图 4 - 26 (a) 所示电路中，若要使负载电阻 R_L 获得最大功率，R_L 应为多大？并求出此最大功率。

解 从 R_L 两端断开，求从端口看入的戴维南等效电路。

(1) 求 U_{OC}，电路如图 4 - 26 (b) 所示：

$$U_{OC} = 2 \times 0.4 U_{OC} + 4\text{V}$$

解得

$$U_{OC} = 20\text{V}$$

(2) 求 R_{eq}：将开路两端短路，受控电流源没有电流，此时电路如图 4 - 26 (c) 所示：

$$4 = 2I_{SC} + 3I_{SC}$$

解得

$$I_{SC} = 0.8\text{A}$$

所以

$$R_{eq} = \frac{U_{OC}}{I_{SC}} = 25\Omega$$

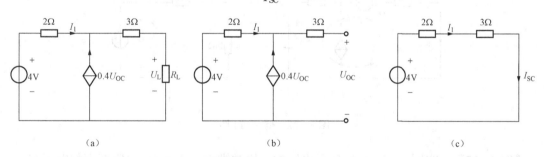

图 4 - 26 例 4 - 13 图

(3) 当满足 $R_L = R_{eq} = 25\Omega$ 时，R_L 可获得最大功率，最大功率为

$$P_{\max} = \frac{U_{OC}^2}{4R_{eq}} = 4\text{W}$$

【例 4 - 14】 用戴维南定理求图 4 - 27 (a) 所示电路中，10Ω 电阻上的电流 I。

解 (1) 将 10Ω 电阻从电路中移去，求开路电压 U_{OC}。

由于端口开路，$I = 0$，因此受控电流源 $4I = 0$，相当于开路。电路可以等效为图 4 - 27 (b) 所示电路。

可得

$$U_{OC} = 20 + 10 = 30(V)$$

（2）用开路电压、短路电流法求等效电阻 R_{eq}。先求端口的短路电流 I_{SC}，电路如图 4 - 27（c）所示。

列出电路回路方程为

$$\begin{cases} 20I_1 + 6 \times (I_1 + 4I_1) = -10 - 20 \\ I_1 = -0.6A \\ I_{SC} = -I_1 = 0.6A \end{cases}$$

所以等效电阻为

$$R_{eq} = \frac{U_{OC}}{I_{SC}} = \frac{30}{0.6} = 50(\Omega)$$

（3）将 10Ω 电阻接入［见图 4 - 27（d）］，可求得电流为

$$I = -\frac{30}{50 + 10} = -0.5(A)$$

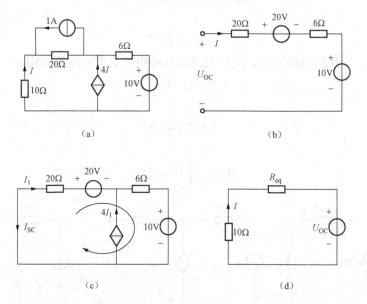

（a）　　　　　　　　　　　　（b）

（c）　　　　　　　　　　　　（d）

图 4 - 27　例 4 - 14 图

【例 4 - 15】　在图 4 - 28（a）所示电路中，用戴维南定理求 4Ω 电阻两端的电压 U。

解　把 4Ω 电阻移去，分别求 1 - 1′端口左侧和 1 - 1″端口右侧的戴维南等效电路，如图 4 - 28（b）～（d）所示。

1 - 1′端口左侧电路如图 4 - 28（b）所示，其开路电压和等效电阻分别为

$$U_{OC1} = 4 \times 2 + \frac{12}{6 + 3} \times 3 = 12(V)$$

$$R_{eq1} = \frac{6 \times 3}{6 + 3} + 4 = 6(\Omega)$$

1 - 1″端口右侧电路为无源网络，所以开路电压 $U_{OC2} = 0$。求 R_{eq2} 的等效电路如图 4 - 28（c）所示，则有

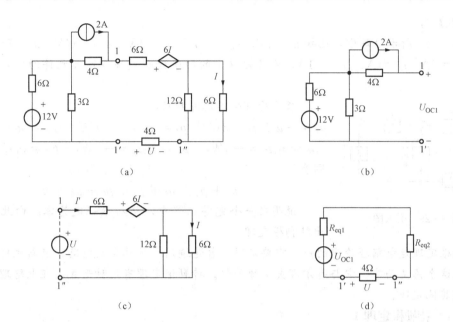

图 4 - 28   例 4 - 15 图

$$U = 6I' + 6I + 6I$$

I 与 I' 的关系为

$$I = \frac{12}{12 + 6}I'$$

代入上式可得

$$U = 14I'$$

即

$$R_{eq2} = \frac{U}{I'} = 14\Omega$$

连接待求支路，如图 4 - 28（d）所示，得

$$U = \frac{-12}{6 + 4 + 14} \times 4 = -2(\text{V})$$

*4.4 特 勒 根 定 理

【基本概念】

电荷守恒：对于一个孤立系统，无论发生什么变化，其中所有电荷的代数和永远保持不变。电荷守恒定律表明，如果某一区域中的电荷增加或减少，那么必定有等量的电荷进入或离开该区域；如果在一个物理过程中某种电荷产生或消失，那么必定有等量的异号电荷同时产生或消失。

能量守恒：能量既不会凭空产生，也不会凭空消失，它只能从一种形式转化为其他形式，或者从一个物体转移到另一个物体，在转化或转移的过程中，能量的总量不变。核裂变，核聚变等具有质量亏损的反应不在其列。

【引入】

在图 4-29 所示电路中，已知 $u_1=1\text{V}$、$u_2=-3\text{V}$、$u_3=8\text{V}$、$u_4=-4\text{V}$、$u_5=7\text{V}$、$u_6=-3\text{V}$、$i_1=2\text{A}$、$i_2=1\text{A}$、$i_3=-1\text{A}$，则各元件上的功率分别是多少？各元件的功率之和又是多少？

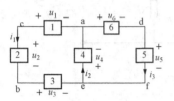

求解后可得各元件的功率

$$p_1=-u_1i_1=-2\text{W}, \quad p_2=u_2i_1=-6\text{W}, \quad p_3=u_3i_1=16\text{W}$$
$$p_4=u_4i_2=-4\text{W}, \quad p_5=u_5i_3=-7\text{W}, \quad p_6=u_6i_3=3\text{W}$$

则有

$$p_1+p_2+p_3+p_4+p_5+p_6=0$$

说明在一个完整电路中，总功率一定为零。由此可以引出特勒根定理。

图 4-29　引入图

特勒根定理是电路理论中的一个重要定理，普遍适用于集总参数电路，且与元件的性质无关。就这个意义而言，它与基尔霍夫定律等价。特勒根定理有两种形式，在电路理论中常用于证明其他定理。

4.4.1　特勒根定理 1

任意一个具有 n 个节点和 b 条支路的集总参数电路，令各支路电流和电压分别为 i_1，i_2，…，i_b 及 u_1，u_2，…，u_b，且各支路电流和电压都取关联参考方向，则有

$$\sum_{k=1}^{b}u_ki_k=0 \tag{4-9}$$

式（4-9）表明：一个电路在任意时刻各支路吸收功率的代数和为 0，即电路在任意时刻的功率是守恒的。特勒根定理 1 又称为特勒根功率定理。

下面用一个简单的电路证明特勒根定理 1。设图 4-30 所示为与某电路对应的有向图，图中各支路的方向表示电路中个支路电流和电压的参考方向。设该电路有四个节点、六条支路。取节点 0 为参考节点，三个独立节点的电压分别为 u_{n1}、u_{n2} 和 u_{n3}，各支路电压和节点电压的关系为

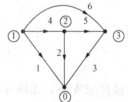

$$\left.\begin{aligned} u_1=u_{n1}, \quad u_2=u_{n2}, \quad u_3=u_{n3} \\ u_4=u_{n1}-u_{n2}, \quad u_5=u_{n2}-u_{n3} \\ u_6=u_{n1}-u_{n3} \end{aligned}\right\} \tag{4-10}$$

图 4-30　特勒根定理的证明

独立节点①、②、③的 KCL 方程为

$$\left.\begin{aligned} i_1+i_4+i_6=0 \\ i_2-i_4+i_5=0 \\ i_3-i_5-i_6=0 \end{aligned}\right\} \tag{4-11}$$

将各支路电压用节点电压表示，则有

$$\begin{aligned} \sum_{k=1}^{6}u_ki_k &= u_1i_1+u_2i_2+u_3i_3+u_4i_4+u_5i_5+u_6i_6 \\ &= u_{n1}i_1+u_{n2}i_2+u_{n3}i_3+(u_{n1}-u_{n2})i_4+(u_{n2}-u_{n3})i_5+(u_{n1}-u_{n3})i_6 \\ &= u_{n1}(i_1+i_4+i_6)+u_{n2}(i_2-i_4+i_5)+u_{n3}(i_3-i_5-i_6) \\ &= 0 \end{aligned}$$

即

$$\sum_{k=1}^{6} u_k i_k = 0 \qquad (4-12)$$

对于任何具有 n 个节点和 b 条支路的电路，可用上述方法证明式（4-9）。

上面的证明过程只涉及基尔霍夫定律和电路的有向图，不涉及各支路的元件性质。若有两个电路，它们的有向图相同，均如图 4-30 所示，这两个电路的支路的元件性质不同，但这两个电路的支路电压和电流都分别满足式（4-10）和式（4-11）。因此，一个电路的支路电压与另一个电路的支路电流对应乘积之和也满足式（4-12）。

这一结论可推广到一般电路，即特勒根定理 2。

4.4.2 特勒根定理 2

任意两个具有 n 个节点和 b 条支路且有向图相同的集总参数电路，令其中一个电路的支路电流和电压表示为 i_1, i_2, $\cdots$, i_b 及 u_1, u_2, $\cdots$, u_b；另一个电路的支路电流和电压表示为 $\hat{i}_1$, $\hat{i}_2$, $\cdots$, $\hat{i}_b$ 及 $\hat{u}_1$, $\hat{u}_2$, $\cdots$, $\hat{u}_b$，各支路电流和电压均取关联参考方向，则有

$$\sum_{k=1}^{b} u_k \hat{i}_k = 0 \qquad (4-13)$$

$$\sum_{k=1}^{b} \hat{u}_k i_k = 0 \qquad (4-14)$$

式（4-13）和式（4-14）等号左边各项是一个电路的支路电压与另一个电路的支路电流相乘，虽具有功率的量纲，但并不表示真实的功率，称为似功率。特勒根定理 2 又称为特勒根似功率定理。

【例 4-16】 如图 4-31 所示电路图，支路电压、电流取关联参考方向。表 4-1 列出了该电路在不同时刻的部分支路电压和支路电流值，试求未知的支路电流和电压。

表 4-1 不同时刻部分支路电压和电流值

u, i \ 支路	1	2	3	4	5	6
i_k (A)	1	2				4
$\hat{u}_k$ (V)	10	4	15		11	-5

解 图 4-31 所示电路有三个独立的节点，可得到三个独立的 KCL 方程为

$$\begin{cases} 1 + 2 + i_3 = 0 \\ 2 - i_4 - i_5 = 0 \\ i_3 + i_5 - 4 = 0 \end{cases}$$

由特勒根定理 2，得

$$\sum_{k=1}^{6} \hat{u}_k i_k = 10 \times 1 + 4 \times 2 + 15 \times i_3 + u_4 \times i_4 + 11 \times i_5 - 5 \times 4$$
$$= 0$$

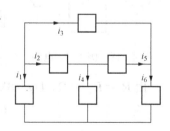

图 4-31 例 4-16 图

联立上述方程，解得

$$i_3 = -3\text{A}, \quad i_4 = -5\text{A}, \quad i_5 = 7\text{A}, \quad \hat{u}_4 = 6\text{V}$$

【**例 4 - 17**】 图 4 - 32 所示无源电路 N_0 内仅有含线性电阻元件，当 1 - 1′端口接电压源 u_{S1}，2 - 2′端口短路时，电路如图 4 - 32（a）所示，测得 $i_1 = 6A$，$i_2 = 1.2A$。若将 1 - 1′端口接 1.5Ω 电阻，2 - 2′端口接电压源 $\hat{u}_{S2}$，电路如图 4 - 32（b）所示。欲使 $\hat{i}_1 = 8A$，$\hat{u}_{S2}$ 应为多少？

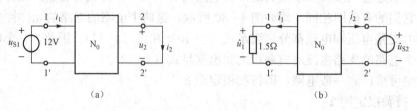

图 4 - 32 例 4 - 17 图

解 两个电路图相同，根据特勒根定理 2，有

$$\sum_{k=1}^{b} \hat{u}_k i_k = \hat{u}_1 i_1 + \hat{u}_2 i_2 + \sum_{k=3}^{b} \hat{u}_k i_k = \hat{u}_1 i_1 + \hat{u}_2 i_2 + \sum_{k=3}^{b} \hat{i}_k \hat{R}_k i_k = 0$$

$$\sum_{k=1}^{b} u_k \hat{i}_k = u_1 \hat{i}_1 + u_2 \hat{i}_2 + \sum_{k=3}^{b} u_k \hat{i}_k = u_1 \hat{i}_1 + u_2 \hat{i}_2 + \sum_{k=3}^{b} i_k R_k \hat{i}_k = 0$$

而

$$R_k = \hat{R}_k$$

所以

$$\hat{u}_1 i_1 + \hat{u}_2 i_2 = u_1 \hat{i}_1 + u_2 \hat{i}_2$$

代入数据得

$$-1.5 \times 8 \times 6 + \hat{u}_{S2} \times 1.2 = 12 \times 8 + 0 \times \hat{i}_2$$

解得

$$\hat{u}_{S2} = 140V$$

【**例 4 - 18**】 在图 4 - 33 所示电路中，N_R 为无源电阻网络，当 $R_1 = R_2 = 2Ω$，$U_S = 8V$ 时，$I_1 = 2A$，$U_2 = 2V$；当 $R_1 = 1.4Ω$，$R_2 = 0.8Ω$，$U_S = 9V$ 时，$I_1 = 3A$，U_2 应为多少？

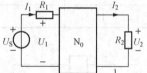

图 4 - 33 例 4 - 18 电路

解 把这两种情况看作结构相同、参数不同的两个电路，根据特勒根定理有

$$\hat{u}_1 i_1 + \hat{u}_2 i_2 = u_1 \hat{i}_1 + u_2 \hat{i}_2$$

可见求解此类问题的关键是要找到端口的八个电路变量。

由 $R_1 = R_2 = 2Ω$，$U_S = 8V$，可求得

$$U_1 = U_S - R_1 I_1 = 8 - 2 \times 2 = 4V$$

$$I_2 = \frac{U_2}{R_2} = 1A$$

由 $R_1 = 1.4Ω$，$R_2 = 0.8Ω$，$U_S = 9V$，可求得

$$\hat{u}_1 = 9 - 1.4 \times 3 = 4.8V$$

$$\hat{i}_2 = \frac{\hat{u}_2}{R_2} = \frac{5}{4} \hat{u}_2 = 1.25 \hat{u}$$

代入数据得

$$-4 \times 3 + 2 \times 1.25\, \hat{u}_2 = -4.8 \times 2 + \hat{u}_2 \times 1$$

解得

$$\hat{u}_2 = 1.6\text{V}$$

即

$$U_2 = 1.6\text{V}$$

*4.5　互　易　定　理

【基本概念】

激励：能够独立地为电路提供电能，使之产生非零的电压或电流的元件就是激励，如独立电压源、独立电流源。

响应：电路中某支路或元件的电压、电流，由激励产生。

【引入】

设图 4-34 所示网络 N 内部是由线性电阻元件构成的无源网络。该网络的 $1-1'$ 及 $2-2'$ 两个端口分别接端口支路 1 和支路 2。设包括端口支路在内共有 b 条支路。图 4-34（a）中支路 1 为激励源支路，支路 2 为响应支路，各支路电流和电压表示为 i_1，i_2，$\cdots$，i_b 及 u_1，u_2，$\cdots$，u_b；图 4-34（b）中则以支路 2 为激励源支路，支路 1 为响应支路，各支路电流和电压表示为 $\hat{i}_1$，$\hat{i}_2$，$\cdots$，$\hat{i}_b$ 及 $\hat{u}_1$，$\hat{u}_2$，$\cdots$，$\hat{u}_b$。

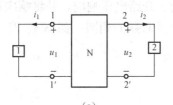
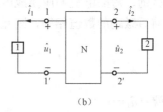

（a）　　　　　　　　　　　　　　　　（b）

图 4-34　引入图

互易定理指出，对于一个仅含有线性电阻且只有一个激励的电路，在保持电路将独立源置零后拓扑结构不变的条件下，激励和响应互换位置后，响应与激励的比值保持不变。上述互换后拓扑结构不变有三种情况，这就构成了互易定理的三种形式。

4.5.1　互易定理形式 1

将电压源激励和短路电流响应互换位置，若电压源激励值不变，则电流响应值不变，如图 4-35（a）、（b）所示，即

$$\frac{i_2}{u_\text{S}} = \frac{\hat{i}_1}{\hat{u}_\text{S}}$$

当 $\hat{u}_\text{S} = u_\text{S}$ 时，有

$$\hat{i}_1 = i_2$$

4.5.2　互易定理形式 2

将电流源激励和开路电压响应互换位置，若电流激励值不变，则电压响应值不变，如图 4-36（a）、（b）所示，即

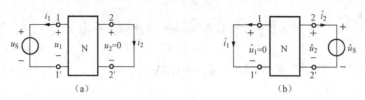

图 4 - 35　互易定理形式 1

$$\frac{u_2}{i_S} = \frac{\hat{u}_1}{\hat{i}_S}$$

当 $i_S = \hat{i}_S$ 时，有

$$u_2 = \hat{u}_1$$

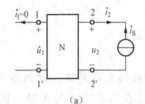　　　　　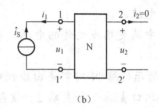

（a）　　　　　　　　　　　　　　　（b）

图 4 - 36　互易定理形式 2

4.5.3　互易定理形式 3

将电流源激励、短路电流响应换成电压源激励、开路电压响应，并将响应和激励的位置互换。若互换前后激励的数值相等，则互换前后响应的数值相同，如图 4 - 37（a）、（b）所示，即

$$\frac{i_2}{i_S} = \frac{\hat{u}_1}{\hat{u}_S}$$

当 $\hat{u}_S = i_S$ 时，就有 $\hat{u}_1 = i_2$。

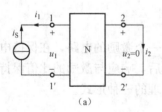　　　　　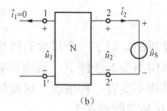

（a）　　　　　　　　　　　　　　　（b）

图 4 - 37　互易定理形式 3

应用互易定理时应注意互易前后激励与响应的参考方向。

【例 4 - 19】　试用互易定理求图 4 - 38（a）所示电路中电流 i 与电压源电压 u_1、u_2、u_3 之间的关系。

解　由叠加定理可知，电流 i 是各独立电压源的线性组合，可表示为

$$i = k_1 u_1 + k_2 u_2 + k_3 u_3$$

为求各系数，令 $u_1 = u_2 = u_3 = 1V$，则各独立源单独作用时产生的电流 i 的值就是相应的比例系数。根据互易定理，计算各电压源单独作用时的电流 i 就等效于计算图 4 - 38（b）中电

路中只有 $u=1V$ 的电压源作用时各支路的电流 i_1、i_2、i_3。

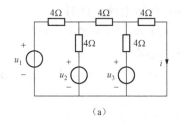 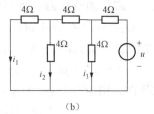

图 4 - 38   例 4 - 19 图

由图 4 - 38（b）可知

$$\begin{cases} i_2 = i_1 \\ i_3 = \dfrac{4(i_1+i_2)+4i_2}{4} = 3i_1 \\ u = 4(i_1+i_2+i_3)+4i_3 = 32i_1 = 1V \end{cases}$$

解得

$$i_1 = \frac{1}{32}A, \quad i_2 = \frac{1}{32}A, \quad i_3 = \frac{3}{32}A$$

从而有

$$k_1 = k_2 = \frac{1}{32}S, \quad k_3 = \frac{3}{32}S$$

因此电流 i 与电压源电压 u_1、u_2、u_3 之间的关系为

$$i = \frac{1}{32}u_1 + \frac{1}{32}u_2 + \frac{3}{32}u_3$$

【例 4 - 20】   在图 4 - 39（a）所示电路中，求电流 I。

解   利用互易定理形式 1，将如图 4 - 39（a）所示电路转变为图 4 - 39（b）所示电路，则有

$$I' = \frac{8}{2 + \dfrac{2\times4}{2+4} + \dfrac{1\times2}{1+2}} = 2A$$

$$I_1 = \frac{I'\times2}{4+2} = \frac{2}{3}A$$

$$I_2 = \frac{I'\times2}{1+2} = \frac{4}{3}A$$

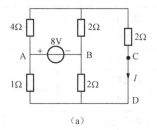 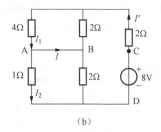

图 4 - 39   例 4 - 20 图

得

$$I = I_1 - I_2 = -\frac{2}{3}A$$

【**例 4 - 21**】　在图 4 - 40（a）所示电路中，当 a 与 μ 取何关系时，电路具有互易性？

解　在 A、B 端口加电流源，得到图 4 - 40（b）所示电路，此时

$$U_{CD} = U + 3I + \mu U = (\mu+1)aI + 3I = [(\mu+1)a+3]I_S$$

在 C、D 端加电流源，得到图 4 - 40（c）所示电路，此时

$$U_{AB} = -aI + 3I + \mu U = (3-a)I + \mu(I_S + aI) \times 1 = (\mu+3-a+\mu a)I_S$$

若电路具有互易性，则应有 $U_{AB}=U_{CD}$，即

$$(\mu+1)a+3 = \mu+3-a+\mu a$$

可求得

$$a = \frac{\mu}{2}$$

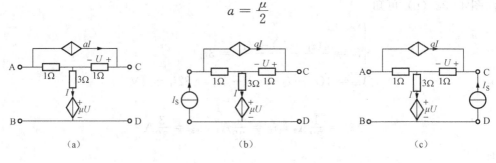

图 4 - 40　例 4 - 21 图

*4.6　对　偶　原　理

【**基本概念**】

对偶：两个关系式或两组方程通过对偶元素互换又能彼此转换，这两个关系式或两组方程就互为对偶。

对偶性是电路中普遍存在的一种规律。在电路理论中许多电路问题是以对偶的形式表现的，电路的结构、连接方式、定律、元件、参数、名词、变量及其关系等都存在互相对偶性。这些互相对偶的"内容"称为对偶因素。表 4 - 2 列出了电路中常见的对偶关系。

表 4 - 2　　　　　　　　　　　　电路的常见对偶关系

对　偶　因　素			
电　压	电　流	电　容	电　感
KCL	KVL	割集	回路
电阻	电导	T 形连接	π 形连接
电荷	磁电	自电阻	自电导
电流源	电压源	互电阻	互电导
开路	短路	戴维南定理	诺顿定理
VCCS	CCVS	互易定理 1	互易定理 2
VCVS	CCCS	树支	连支
节点	网孔	基本割集	基本回路
串联	并联	阻抗	导纳

【引入】

图 4-41（a）和图 4-41（b）分别对应节点电压方程和网孔电流方程如下：

列节点电压方程为

$$(G_1 + G_2)u_n = i_S$$

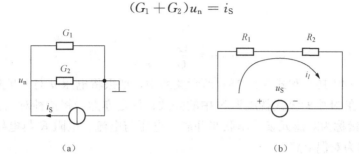

图 4-41 对偶原理的引入

网孔电流方程：

$$(R_1 + R_2)i_l = u_S$$

对应元素互换，两个方程可以彼此转换，即两个电路互为对偶。对应元素为：电阻 (R) 与电导 (G)；电压源 (u_S) 与电流源 (i_S)；网孔电流 (i_l) 与节点电压 (u_n)；KVL 与 KCL；串联与并联；网孔与节点。

电路中某些元素之间的关系（或方程）用它们的对偶元素对应置换后，所得的新关系（或新方程）也一定成立，前者和后者互为对偶，这就是对偶原理。

对偶原理是电路分析中对出现的大量相似性的归纳和总结。现以实例来说明这种相似性。

图 4-42（a）所示为 n 个电阻的串联电路，图 4-42（b）所示为 n 个电导的并联电路，分别以 N 与 $\overline{N}$ 表示。N 与 $\overline{N}$ 的若干公式之间存在着相似性。

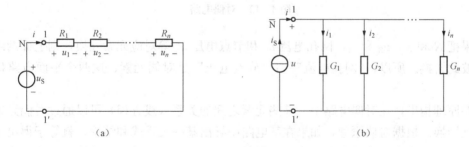

图 4-42 对偶原理

在电路 N 中，总电阻、电流及分压公式分别为

$$\left. \begin{array}{l} R = \sum_{k=1}^{n} R_k \\[2mm] i = \dfrac{u}{R} \\[2mm] u_k = \dfrac{R_k}{R}u \end{array} \right\} \qquad (4-15)$$

在电路 $\overline{N}$ 中，总电导、电压及分流公式分别为

$$
\left.
\begin{aligned}
G &= \sum_{k=1}^{n} G_k \\
u &= \frac{i}{G} \\
i_k &= \frac{G_k}{G} i
\end{aligned}
\right\}
\tag{4-16}
$$

可见，在式（4-15）和式（4-16）所示关系中，如果将电压 u 与 i 互换，电阻 R 与电导 G 互换，那么在 N 中的公式就成为 $\overline{N}$ 中的公式；反之亦然。将这种对应关系称为对偶关系，这些互换元素称为对偶元素。串联与并联、电压与电流、电阻 R 与电导 G 都是对偶元素，N 与 $\overline{N}$ 则称为对偶电路。

图 4-43（a）、（b）所示为两个平面电路 N 与 $\overline{N}$，在给定网孔电流与节点电压参考方向下，电路 N 的网孔方程与电路 $\overline{N}$ 的节点电压方程分别为

$$
\left.
\begin{aligned}
(R_1 + R_2)i_{m1} - R_2 i_{m2} &= u_{S1} \\
-R_2 i_{m1} + (R_2 + R_3)i_{m2} &= u_{S2}
\end{aligned}
\right\}
$$

$$
\left.
\begin{aligned}
(\overline{G}_1 + \overline{G}_2)\overline{u}_{n1} - \overline{G}_2 \overline{u}_{n2} &= \overline{i}_{S1} \\
-\overline{G}_2 \overline{u}_{n1} + (\overline{G}_2 + \overline{G}_3)\overline{u}_{n2} &= \overline{i}_{S2}
\end{aligned}
\right\}
$$

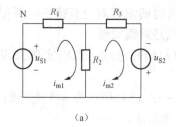
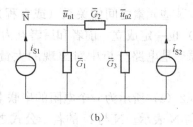

（a）　　　　　　　　　　　　　　　（b）

图 4-43　对偶电路

如果把 R 和 $\overline{G}$，u_S 和 $\overline{i}_S$，网孔电流 i_m 和节点电压 $\overline{u}_n$ 等对应元素互换，则上面两组方程也可以彼此转换。所以，"网孔电流"和"节点电压"是对偶元素，这两个平面电路称为对偶电路。

对偶原理指出，在对偶电路中，某些元素之间的关系（或方程）可以通过对偶元素的互换而相互转换。根据对偶原理，如果在某电路中导出某一关系式和结论，就等于得出了与它对偶的另一个电路中的关系式和结论。对偶的内容包括：电路的拓扑结构、电路变量、电路元件、一些电路的公式（或方程）甚至定理等。例如，戴维南定理与诺顿定理互为对偶，电路定律 KCL 与 KVL 也是互为对偶的。对偶的概念不仅局限于电阻电路，在以后学习的其他章节中也存在其他对偶关系。还应注意："对偶"和"等效"是两个不同的概念，不可混淆。

4.7　实际应用举例——D/A 转换电路

在电子系统中，为了用计算机处理信号，需要将模拟信号（连续变化的电流或电压）转

变为数字信号（二进制代码 0 和 1），这称为模/数（A/D）转换。经过计算机处理后，又要
将数字信号转换为模拟信号，才能变为人们可以听
到或者看到的信号变化，这个过程称为数/模转换
（D/A）转换。

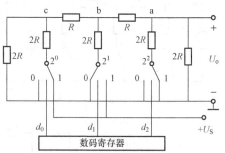

图 4-44 D/A 转换电路

完成 D/A 转换的工作并不复杂，可以用线性
电阻网络和直流电源来完成。图 4-44 为一个 D/A
转换电路，它又称为电阻解码网络。

二进制中使用 0 和 1 两个数码，逢二进一。例
如，变量代码 10 表示十进制数 2（模拟量）。设四
位的二进制数字量为 $d_3 d_2 d_1 d_0$，则对应的十进制模
拟量为

$$A = d_3 \times 2^3 + d_2 \times 2^2 + d_1 \times 2^1 + d_0 \times 2^0$$

二进制数码与十进制数模拟量的对应关系见表 4-3。

表 4-3　　　　　　　　　　二进制数码与十进制数模拟量的对应关系

二进制数码 $d_3 d_2 d_1 d_0$	十进制数模拟量	二进制数码 $d_3 d_2 d_1 d_0$	十进制数模拟量
0000	0	0110	6
0001	1	0111	7
0010	2	1000	8
0011	3	1001	9
0100	4	1010	10
0101	5		

为了分析转换电路在某种状态下数字量对应的模拟量，可以应用叠加定理。下面研究数
字量 101 对应的输出电压 U_o，设 $U_S = 12\mathrm{V}$。

在图 4-45（a）所示电路中，当开关接于 U_S 时，是高电位，记为 1；当开关接于地时
为低电位，记为 0。因此，该电路对应的数字量为 101。根据叠加定理，先令 d_0 位为 1，即
开关接于 U_S，其余接 0，则有电路如图 4-45（b）所示，其对应数字量 001。对该电路进行
串、并联化简并分压，可得

$$U_a = \frac{1}{3} U_S, \quad U_b = \frac{1}{3} U_S \times \frac{1}{2}, \quad U_C = U_o' = \frac{1}{3} U_S \times \frac{1}{2} \times \frac{1}{2} = 1\mathrm{V}$$

对应数字量 100 状态，它对应图 4-45（c）所示电路。利用等效化简，可得

$$U_C = U_o'' = \frac{1}{3} U_S = 4\mathrm{V}$$

对于数字量 001 + 100 = 101，由叠加定理可得

$$U_o = U_o' + U_o'' = 1 + 4 = 5(\mathrm{V})$$

这表明：数字量 101 对应的模拟量电压为 5V。

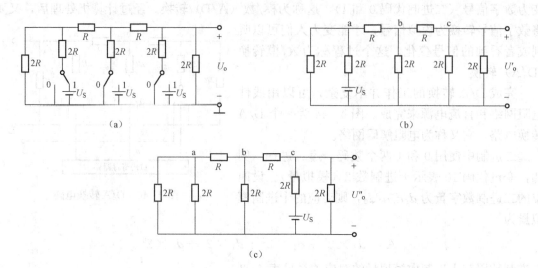

图 4-45　不同输入状态下的电阻解码网络

　　读者可以验证，当输入为 111 时，由于

$$001 + 010 + 100 = 111$$

则输出电压为

$$U_{\text{o}} = 1 + 2 + 4 = 7(\text{V})$$

非常有趣的是，从输出端向左视入的戴维南等效电阻不管在哪一状态，总为

$$R_0 = \frac{2}{3}R$$

小　　结

1. 叠加定理

　　线性电路在多组激励共同作用时，任意支路的电流或电压响应等于每组激励单独作用时在该支路中产生的各电流分量或电压分量响应的代数和。其数学表达式为

$$x_0 = \sum_{m=1}^{l} x_0^m = \sum_{m=1}^{l} d_m e_m$$

即线性电阻电路中任意支路电流或电压响应是所有独立源的线性函数。

　　叠加定理在线性电路的分析中起着重要的作用，其是分析线性电路的基础。线性电路中很多定理都与叠加定理有关。直接应用叠加定理计算和分析电路时，可将电源分成几组，按组计算以后再叠加，有时可简化计算。

　　当电路中存在受控源时，叠加定理仍然适用，但在进行各分电路计算时，应把受控源保留在各分电路中。

　　使用叠加定理时应注意以下几点：

　　（1）叠加定理适用于线性电路，不适用于非线性电路。

　　（2）在叠加的各分电路中，将不起作用的电压源置零，即电压源处用短路代替；将不起作用的电流源置零，即电流源处用开路代替。其他元件（包括受控源）的参数及连接方式都不能改变。

（3）叠加定理不适用于功率的计算，因为功率是电压、电流的二次函数，与激励不成线性关系。

（4）根据各分电路中电压和电流参考方向的具体情况，取代数和时注意各分量前的"+"和"−"。

2. 替代定理

在有唯一解的集总参数电路中，若已知其中第 k 条支路的端电压为 u_k，电流为 i_k，且该支路与电路中其他支路无耦合，则无论该支路是由哪些元件组成，则可用下列元件替代：

（1）电压等于 $u_S = u_k$ 的理想电压源。

（2）电流等于 $i_S = i_k$ 的理想电流源。

（3）阻值为 $R = u_k / i_k$ 的电阻。

若替代后的电路也有唯一解，那么替代后各支路的电流和电压也不变。

替代定理与等效变换不同，两端网络进行等效变换是根据其端口伏安特性不变的原则进行。两端网络的伏安特性只与其内部结构及参数有关，与电路其余部分无关；但替代定理则是根据已知的电流或电压进行的，与整个电路有关。

3. 戴维南定理、诺顿定理和最大功率传输定理

戴维南定理：任何线性含有独立源、线性电阻和受控源的一端口电阻电路 N，其对外电路来说，可等效为一个电压源和一个线性电阻元件的串联组合。其中，电压源的电压 u_{OC} 等于一端口电路 N 的开路电压，串联的电阻 R_{eq} 等于一端口电路 N 内的全部独立源置零后所得无源电路 N_0 的入端等效电阻。

诺顿定理：任何线性含有独立源、线性电阻和受控源的一端口电阻电路 N，其对于外电路来说，可等效为一个电流源和一个线性电阻元件的并联组合。其中，电流源的电流 i_{SC} 等于一端口电路 N 的端口短路时的电流，并联的电阻 R_{eq} 等于一端口电路 N 内的全部独立源置零后所得电路 N_0 的入端等效电阻。

最大功率传输定理：应用最大功率传输定理要注意以下事项。

（1）最大功率传输定理用于一端口电路给定，负载电阻可调的情况，而不是 R_{eq} 可调；

（2）当负载电阻与给定一端口电路的戴维南等效电阻 R_{eq} 相等时，负载电阻消耗的功率最大，即

$$P_{max} = \frac{U_{OC}^2}{4R_{eq}}$$

（3）一端口等效电阻消耗的功率一般并不等于端口内部消耗的功率，因此当负载获取最大功率时，电路的传输效率并不一定是 50%；

（4）计算最大功率问题，用戴维南定理或诺顿定理最方便。

4. 特勒根定理和互易定理

特勒根定理是电路理论中的一个重要定理，普遍适用于集总参数电路，且与元件的性质无关。就这个意义而言，它与基尔霍夫定律等价。特勒根定理有两种形式。

第一（功率）定理：

$$\sum_{k=1}^{b} u_k i_k = 0$$

第二（似功率）定理：

$$\sum_{k=1}^{b} u_k \hat{i}_k = 0, \quad \sum \hat{u}_k i_k = 0$$

互易定理指出，对于一个仅含有线性电阻且只有一个激励的电路，在保持电路将独立源置零后拓扑结构不变的条件下，激励和响应互换位置后，响应与激励的比值保持不变。上述互换后拓扑结构不变有三种情况，这就构成了互易定理的三种形式：

（1）将电压源激励和短路电流响应互换位置，若电压源激励值不变，则电流响应值不变；

（2）将电流源激励和开路电压响应互换位置，若电流激励值不变，则电压响应值不变；

（3）将电流源激励、短路电流响应换成电压源激励、开路电压响应，并将响应和激励的位置互换。若互换前后激励的数值相等，则互换前后响应的数值相同。

5. 对偶原理

电路中某些元素之间的关系（或方程）用它们的对偶元素对应置换后，所得的新关系（或新方程）也一定成立，前者和后者互为对偶，这就是对偶原理。

对偶原理是电路分析中出现的大量相似性的归纳和总结。

   习   题

4-1 图4-46所示电路中的acb支路用图（　　）支路替代，不会影响电路其他部分的电流和电压。

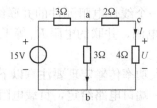

图4-46 题4-1图

4-2 图4-47所示电路中的U_{ab}为（　　）。
A. 40V   B. 60V   C. −40V   D. −60V

4-3 图4-48所示有源两端电阻网络N_S外接电阻R为12Ω时，$I=2A$；R短路时，$I=5A$。则当R为24Ω时，I为（　　）。

　　A. 4A   B. 2.5A   C. 1.25A   D. 1A

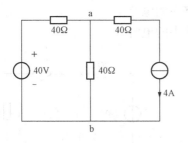

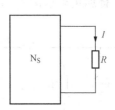

图 4 - 47　题 4 - 2 图　　　　　　　图 4 - 48　题 4 - 3 图

4 - 4　图 4 - 49 所示电路中，为使负载电阻 R_L 获得最大功率，电阻 R_0 应满足的条件是（　　）。

A. $R_0 = R_L$　　　　　　　　　　　B. $R_0 = \infty$

C. $R_0 = 0$　　　　　　　　　　　　D. $R_0 = R_L/2$

4 - 5　图 4 - 50 所示端口电压 U_{ab} 为（　　）。

A. 4V　　　　　　B. 8V　　　　　　C. 12V　　　　　　D. 16V

4 - 6　用叠加定理求解电路时，当某独立源单独作用时，将其余独立电压源＿＿＿＿，独立电流源＿＿＿＿。

4 - 7　图 4 - 51 所示电路中，当 $I_S = 0$ 时，$I = 2A$。则当 $I_S = 8A$ 时，I 为＿＿＿＿。

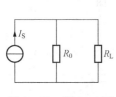

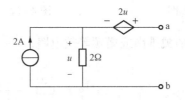

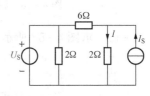

图 4 - 49　题 4 - 4 图　　　图 4 - 50　题 4 - 5 图　　　图 4 - 51　题 4 - 7 图

4 - 8　某线性电路有两个独立直流电源，它们分别作用时在某 20Ω 电阻上产生的电流（同一参考方向）各为 1A 和 -3A，则它们共同作用时该电阻吸收的功率为＿＿＿＿。

4 - 9　图 4 - 52 所示电路中，N_0 为不含独立源的线性网络。当 $U_S = 3V$、$I_S = 0$ 时，$U = 1V$；当 $U_S = 1V$，$I_S = 1A$ 时，$U = 0.5V$。则当 $U_S = 0$，$I_S = 2A$ 时，U 为＿＿＿＿。

4 - 10　两端网络如图 4 - 53 所示，则开路电压 U_{ab} 为＿＿＿＿。

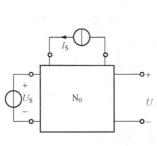

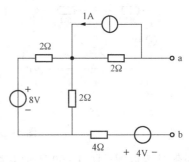

图 4 - 52　题 4 - 9 图　　　　　　图 4 - 53　题 4 - 10 图

4-11　试用叠加定理求图 4-54 所示电路中的电流 I。

4-12　试用叠加定理求图 4-55 所示电路中的电流 I。

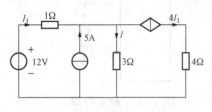
　　　　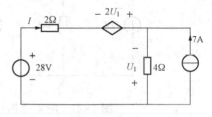

图 4-54　题 4-11 图　　　　　　　　图 4-55　题 4-12 图

4-13　用叠加定理求图 4-56 所示电路中的电流 I。

4-14　用叠加定理求图 4-57 所示电路中的电压 U。

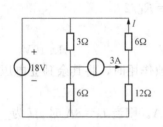
　　　　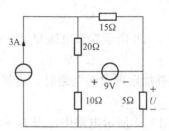

图 4-56　题 4-13 图　　　　　　　　图 4-57　题 4-14 图

4-15　求图 4-58 所示电路的戴维南或诺顿等效电路。

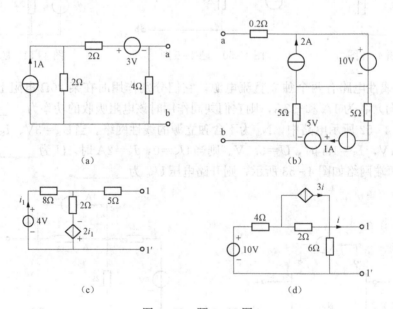

图 4-58　题 4-15 图

4-16　试用戴维南定理求图 4-59 所示电路中 2Ω 电阻的电流 I。

4-17　图 4-60 所示电路中，负载电阻 R 可变，R 为何值时，可获得最大功率？最大功率 P_{max} 是多少？

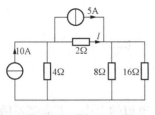

图 4-59 题 4-16 图

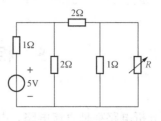
图 4-60 题 4-17 图

4-18 在图 4-61 所示电路中，求

（1）当 $R_x = 3\Omega$ 时，求电流 I；

（2）R_x 为何值时，它能获得最大功率？并求此最大功率 $P_{\max}$。

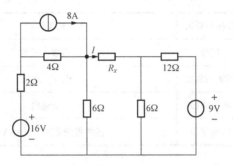
图 4-61 题 4-18 图

4-19 图 4-62 所示电路中，若要使负载电阻 R 获得最大功率，R 应为多大？并求出此最大功率 $P_{\max}$。

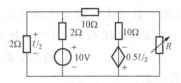
图 4-62 题 4-19 图

5　相　量　法

前 4 章所分析电路都是直流电路，电路中电压和电流的大小、方向都不随时间变化。在实际工程中，除了直流电以外，还广泛存在着交流电，其电压和电流的大小和方向都随时间而改变。本章介绍相量法，是正弦交流电路的一种简单易行的分析方法。本章的主要内容有复数、正弦量、相量和电路定律的相量形式。

【教学要求及目标】

知识要点	目标与要求	相关知识	掌握程度评价
复数	理解	实数、虚数	
正弦量	理解和掌握	电压、电流	
相量	熟练掌握	交流电	
电路定律的相量形式	熟练掌握	基尔霍夫定律、元件 VCR	

5.1　复　　数

【基本概念】

实数：有理数和无理数的总称。数学上，实数直观地定义为与数轴上的点一一对应的数。实数可以直观地看作小数（有限或无限的），它们能把数轴"填满"。例如，正数（1，2，3，…）、负数（−1，−2，−5.7，…）、无限非循环小数（e＝2.718，…）等都是实数。除"0"外，任何实数的平方都是正数。

虚数：其平方是负数的数。$\sqrt{-1}$ 作为虚数单位，用符号 j 表示，即 $j=\sqrt{-1}$。例如，j1、−j0.5 等都是虚数。

复数：实数和虚数的代数和组成的数，称为复数。例如：3＋j4，6−j6 等。

【引入】

已知：一元二次方程 $ax^2+bx+c=0(a\neq0)$ 求根公式为

$$x_{1,2}=\frac{-b\pm\sqrt{b^2-4ac}}{2a}$$

设 $\Delta=b^2-4ac$。当 $\Delta>0$ 时，一元二次方程有两个不相等的实数根；当 $\Delta=0$ 时，一元二次方程有两个相等的实数根；当 $\Delta<0$ 时，一元二次方程有两个共轭复数根。例如：求解一元二次方程 $x^2-2x+5=0$ 的根为

$$x_{1,2}=\frac{2\pm\sqrt{(-2)^2-4\times5}}{2}=\frac{2\pm\sqrt{-16}}{2}=1\pm j2$$

1＋j2 与 1−j2 是一对共轭复数。

一元二次方程的求根公式在方程的系数为有理数、实数、复数或是任意数域中适用。

一元二次方程 $x^2-2x+5=0$ 的解为

$$x_{1,2}=\frac{2\pm\sqrt{(-2)^2-4\times5}}{2}=\frac{2\pm\sqrt{-16}}{2}=1\pm\mathrm{j}2$$

可见，该一元二次方程的解是由实数和虚数的代数和组成的数，称为复数。复数及其运算是相量法的基础。

复数及其运算是应用相量法分析正弦稳态电路的数学基础。

5.1.1 复数的表示形式

若 F 为一个复数，则 F 可以表示为多种形式。

（1）代数形式为

$$F=a+\mathrm{j}b$$

其中，$\mathrm{j}=\sqrt{-1}$ 为虚部单位；a 称为复数 F 的实部，$a=\mathrm{Re}[F]$；b 称为复数 F 的虚部，$b=\mathrm{Im}[F]$。

复数 F 在复平面上是一个坐标点，常用原点至该点的向量（或矢量）表示，如图 5-1 所示。

（2）三角形式为

$$F=|F|(\cos\theta+\mathrm{j}\sin\theta)$$

其中，$|F|$ 称为复数 F 的模（幅值）；θ 称为复数 F 的辐角，可以用弧度（rad）或度（°）表示。

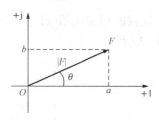

图 5-1 复数 F 的几何表示

对于一个复数，既可以用实部、虚部描述，也可以用模和辐角描述，之间的关系为

$$a=|F|\cos\theta,\quad b=|F|\sin\theta,\quad |F|=\sqrt{a^2+b^2}$$

$$\theta=\arg F=\begin{cases}\arctan\dfrac{b}{a} & (a>0)\\[2mm]\pi+\arctan\dfrac{b}{a} & (a<0,b>0)\\[2mm]-\pi+\arctan\dfrac{b}{a} & (a<0,b<0)\end{cases}$$

（3）指数形式。根据欧拉公式 $\mathrm{e}^{\mathrm{j}\theta}=\cos\theta+\mathrm{j}\sin\theta$，复数 F 的三角形式可变换为指数形式，即

$$F=|F|\mathrm{e}^{\mathrm{j}\theta}$$

（4）极坐标形式。工程上，经常把复数 F 写成极坐标形式为

$$F=|F|\angle\theta$$

可以认为，复数的极坐标形式是三角形式和指数形式的简写。

5.1.2 复数的运算方法

1. 复数的相反数与共轭复数

若 F 为一个复数，$F=a+\mathrm{j}b$，则 $-F$ 表示 F 的相反数，有

$$-F=-a-\mathrm{j}b$$

F 与 $-F$ 比较，实部、虚部均相反；或者模相同，辐角相差 π。

若 F 为一个复数，$F=a+jb=|F|\angle\theta$，则 F^* 表示 F 的共轭复数，有

$$F^* = a - jb \quad 或 \quad F^* = |F|\angle{-\theta}$$

F 与 F^* 比较，实部相同，虚部相反；或者模相同，辐角相反，复数及其相反数、共轭复数，如图 5-2 所示。

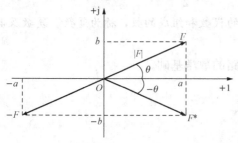

图 5-2 复数 F 及其相反数 $-F$、共轭复数 F^*

2. 复数的四则运算

复数的相加或相减运算以代数形式进行比较方便，而相乘或相除运算以指数形式或极坐标形式进行比较方便。

设有两个复数 $F_1 = a_1 + jb_1 = |F_1|e^{j\theta_1} = |F_1|\angle\theta_1$，$F_2 = a_2 + jb_2 = |F_2|e^{j\theta_2} = |F_2|\angle\theta_2$，则它们的运算如下：

（1）加、减法。运算规则为

$$F_1 \pm F_2 = (a_1 + jb_1) \pm (a_2 + jb_2) = (a_1 \pm a_2) + j(b_1 \pm b_2)$$

复数的相加或相减运算可以采用平行四边形法则或三角形法则在复平面上表示出来，如图 5-3 所示。

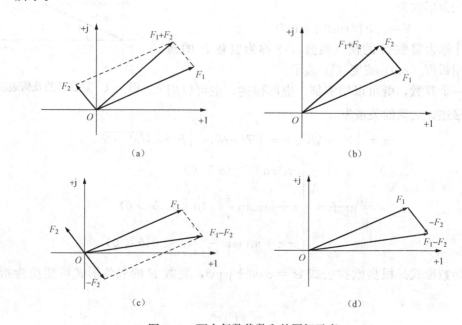

图 5-3 两个复数代数和的图解示意

(a) $F_1 + F_2$ 平行四边形法则；(b) $F_1 + F_2$ 三角形法则；

(c) $F_1 - F_2$ 平行四边形法则；(d) $F_1 - F_2$ 三角形法则

（2）乘法。运算规则随复数的表达形式不同而异。

代数形式：

$$F_1F_2 = (a_1 + jb_1)(a_2 + jb_2) = (a_1a_2 - b_1b_2) + j(a_1b_2 + a_2b_1)$$

指数形式：

$$F_1F_2 = |F_1|e^{j\theta_1}|F_2|e^{j\theta_2} = |F_1||F_2|e^{j(\theta_1 + \theta_2)}$$

极坐标形式：

$$F_1 F_2 = |F_1| \angle \theta_1 |F_2| \angle \theta_2 = |F_1||F_2| \angle \theta_1 + \theta_2$$

由后面两种形式复数乘法，可总结出"复数相乘，等于模相乘，辐角相加"，即

$$|F_1 F_2| = |F_1||F_2|$$

$$\arg(F_1 F_2) = \arg F_1 + \arg F_2$$

（3）除法。运算规则也随复数的表达形式不同而异。

代数形式：

$$\frac{F_1}{F_2} = \frac{a_1 + \mathrm{j}b_1}{a_2 + \mathrm{j}b_2} = \frac{(a_1 + \mathrm{j}b_1)(a_2 - \mathrm{j}b_2)}{(a_2 + \mathrm{j}b_2)(a_2 - \mathrm{j}b_2)} = \frac{a_1 a_2 + b_1 b_2}{a_2^2 + b_2^2} + \mathrm{j}\frac{a_2 b_1 - a_1 b_2}{a_2^2 + b_2^2}$$

指数形式：

$$\frac{F_1}{F_2} = \frac{|F_1| \mathrm{e}^{\mathrm{j}\theta_1}}{|F_2| \mathrm{e}^{\mathrm{j}\theta_2}} = \frac{|F_1|}{|F_2|} \mathrm{e}^{\mathrm{j}(\theta_1 - \theta_2)}$$

极坐标形式：

$$\frac{F_1}{F_2} = \frac{|F_1| \angle \theta_1}{|F_2| \angle \theta_2} = \frac{|F_1|}{|F_2|} \angle \theta_1 - \theta_2$$

由后面两种形式复数除法，可总结出"复数相除，等于模相除，辐角相减"，即

$$\left|\frac{F_1}{F_2}\right| = \frac{|F_1|}{|F_2|}$$

$$\arg\left(\frac{F_1}{F_2}\right) = \arg F_1 - \arg F_2$$

两个复数相乘或相除，在复平面上可按下述方法表示：复数 F_1 乘以（或除以）复数 F_2，模等于将复数 F_1 的模乘以（或除以）复数 F_2 的模，辐角相当于把复数 F_1 沿逆时针方向（或顺时针方向）旋转一个角度（F_2 的辐角 θ_2），如图 5-4 所示。

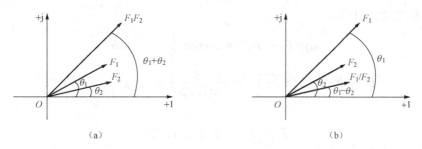

图 5-4　两个复数相乘、相除的图解示意
(a) $F_1 F_2$；(b) F_1/F_2

如果复数 $F_1 = |F_1| \mathrm{e}^{\mathrm{j}\theta_1} = |F_1| \angle \theta_1$，而 $F_2 = \mathrm{e}^{\mathrm{j}\theta_2} = 1 \angle \theta_2$，则 $F_1 F_2$ 等于 F_1 沿逆时针方向旋转 θ_2，模不变；F_1/F_2 等于 F_1 沿顺时针方向旋转 θ_2，模不变。所以，模为1、辐角为 θ 的复数 $\mathrm{e}^{\mathrm{j}\theta} = 1 \angle \theta$ 称为旋转因子。

当 $\theta = \pi/2$ 时，$\mathrm{e}^{\mathrm{j}\frac{\pi}{2}} = \mathrm{j}$；当 $\theta = -\pi/2$ 时，$\mathrm{e}^{-\mathrm{j}\frac{\pi}{2}} = -\mathrm{j}$；当 $\theta = \pm\pi$ 时，$\mathrm{e}^{\pm\mathrm{j}\pi} = -1$。因此，"j""−j"和"−1"都可以看作旋转因子。例如，一个复数乘以 j，等于把该复数在复平面

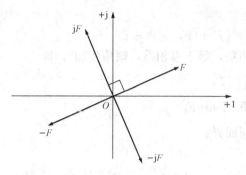

图 5-5　复数与旋转因子的关系示意

上沿逆时针方向旋转 $\pi/2$；一个复数除以 j，等于该复数乘以 $-j$，等于把该复数沿顺时针方向旋转 $\pi/2$；一个复数乘以 -1，等于把该复数沿顺时针或逆时针方向旋转 π，即其相反数。复数与旋转因子的关系示意如图 5-5 所示。

若 $F_1 = a + jb = |F_1| \angle \theta_1$，则 $F_1^* = a - jb = |F_1| \angle -\theta_1$。两个共轭复数相乘，乘积为复数的模的平方，即

$$F_1 F_1^* = (a + jb)(a - jb) = a^2 + b^2$$

或

$$F_1 F_1^* = |F_1| \angle \theta_1 \cdot |F_1| \angle -\theta_1 = |F_1|^2 \angle 0° = |F_1|^2$$

（4）复数相等。在复数运算中，常有复数相等的情况。两个复数相等时，若 $F_1 = F_2$，必须满足两个条件，即

$$\text{Re}[F_1] = \text{Re}[F_2], \quad \text{Im}[F_1] = \text{Im}[F_2]$$

或

$$|F_1| = |F_2|, \quad \arg(F_1) = \arg(F_2)$$

【例 5-1】　设 $F_1 = 3 - j4$，$F_2 = 5\sqrt{2} \angle 45°$，用代数形式和极坐标形式分别表示：
（1）$F_1 + F_2$；（2）$F_1 F_2$；（3）F_1/F_2。

解　用代数形式和极坐标形式分别表示 F_1、F_2，即

$$F_1 = 3 - j4 = \sqrt{3^2 + 4^2} \angle \arctan\frac{-4}{3} \approx 5 \angle -53.13°$$

$$F_2 = 5\sqrt{2} \angle 45° = 5\sqrt{2}(\cos 45° + j\sin 45°) = 5 + j5$$

（1）代数形式为

$$F_1 + F_2 = (3 - j4) + (5 + j5) = 8 + j1$$

转化为极坐标形式，其中

$$\arg(F_1 + F_2) = \arctan\frac{1}{8} \approx 7.125°$$

$$|F_1 + F_2| = \sqrt{8^2 + 1^2} = \frac{8}{\cos 7.125°} = \frac{1}{\sin 7.125°} \approx 8.06$$

即

$$F_1 + F_2 = 8.06 \angle 7.125°$$

（2）代数形式为

$$F_1 F_2 = (3 - j4)(5 + j5) = 35 - j5$$

极坐标形式为

$$F_1 F_2 = 5 \angle -53.13° \times 5\sqrt{2} \angle 45° = 25\sqrt{2} \angle -8.13°$$

（3）代数形式为

$$\frac{F_1}{F_2} = \frac{3 - j4}{5 + j5} = \frac{(3 - j4)(5 - j5)}{(5 + j5)(5 - j5)} = \frac{-5 - j35}{50} = -0.1 - j0.7$$

极坐标形式为

$$\frac{F_1}{F_2}=\frac{5\angle-53.13°}{5\sqrt{2}\angle45°}=\frac{1}{\sqrt{2}}\angle-98.13°\approx0.707\angle-98.13°$$

【例 5 - 2】 求 $F=220\angle35°+\dfrac{(17+j9)(4+j6)}{20+j5}$ 的值。

解

$$F=220\angle35°+\frac{(17+j9)(4+j6)}{20+j5}$$

$$\approx180.2+j126.2+\frac{19.24\angle27.9°\times7.211\angle56.3°}{20.62\angle14.04°}$$

$$\approx180.2+j126.2+6.728\angle70.16°$$

$$\approx180.2+j126.2+2.283+j6.329$$

$$\approx182.5+j132.5$$

$$\approx225.5\angle36°$$

5.2 正 弦 量

【基本概念】

直流电（简称 DC）：方向不随时间变化的电流。电流大小可能不固定，而产生波形。大小和方向都不变的直流电称为恒定电流，简称恒流电。

交流电（简称 AC）：也称为"交变电流"，简称"交流"。一般是指大小和方向随时间做周期性变化的电压或电流。它的最基本的形式是正弦电流。

周期：物理量做周而复始的变化时，状态重复变化一次所经历的时间，常用符号 T 表示，单位为秒（s）。

频率：单位时间内完成周期性变化的次数，是描述周期运动频繁程度的量，常用符号 f 表示，单位为赫兹（Hz），简称赫。

【引入】

在日常生活和工作中，使用的大部分用电设备工作频率是工频 50Hz，额定电压是 220V。工频一般指市电的频率，一般为 50Hz 或者 60Hz。各地区或国家电网频率见表 5-1。额定电压是指用电器正常工作时的电压，是电器长时间工作时所适用的最佳电压，此时电器中的元器件都工作在最佳状态，只有工作在最佳状态时，电器的性能才比较稳定，这样电器的寿命才得以延长。那么，额定电压与交流电电压、正弦电压是一回事吗？

表 5 - 1   各国家或地区电网频率

国家或地区	工频（Hz）	国家或地区	工频（Hz）	国家或地区	工频（Hz）	国家或地区	工频（Hz）
中国大陆	50	加拿大	60	意大利	50	荷兰	50
中国台湾地区	60	日本	60	印度	50	瑞士	50
法国	50	德国	50	泰国	50	印尼	50
韩国	60	马来西亚	50	越南	60	爱尔兰	50
新加坡	50	英国	50	巴西	60	波兰	50
美国	60	俄罗斯	50	丹麦	50		

　　电路中随时间按正弦或余弦规律变化的电压或电流，统称为正弦量。正弦量既可以用正弦函数表示，也可以用余弦函数表示。本书采用余弦函数表示正弦量。

　　激励和响应均为同频率正弦量的线性电路称为正弦稳态电路、正弦电路或交流电路。对正弦电路的分析研究具有重要的理论价值和实际意义，主要表现如下：

　　(1) 正弦稳态电路在电力系统和电子技术领域占有十分重要的地位。正弦信号应用优势无可替代，首先，正弦函数是周期函数，其加、减、求导、积分运算后仍是同频率的周期函数；其次，正弦信号容易产生、传送和使用。

　　(2) 正弦信号是一种基本信号，任何非正弦周期信号可以按照傅里叶级数分解为一系列正弦函数的叠加。

5.2.1　正弦量的表示

　　(1) 表达式。正弦量的瞬时值表达式为

$$i(t) = I_m\cos(\omega t + \varphi_i)$$

$$u(t) = U_m\cos(\omega t + \varphi_u)$$

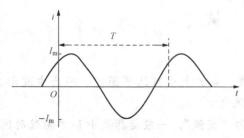

图 5-6　正弦电流 i 的波形图

　　(2) 波形图。正弦量随时间变化的图形称为正弦量的波形图。正弦电流 i 的波形图如图 5-6 所示。

　　正弦量是周期函数，表示为

$$f(t) = f(t + kT)$$

其中，k 代表自然数；T 代表正弦量的周期，是正弦量完成一次周期性变化所需要的时间。单位为秒（s）。周期越长，正弦量变化得越慢。相反，周期越短，正弦量变化得越快。正弦量周期较短时，常用毫秒（ms）和微秒（μs）等为单位。

　　正弦量在 1s 内完成周期性变化的次数，称为正弦量的频率，用 f 表示，单位是赫兹（Hz），简称赫。周期和频率的关系为

$$f = \frac{1}{T}$$

5.2.2　正弦量的三要素

　　以正弦电流 $i(t) = I_m\cos(\omega t + \varphi_i)$ 为例，介绍正弦量的三要素。

　　(1) 振幅（幅值、最大值）I_m。振幅反映正弦量变化幅度的大小，也是正弦量在整个振荡过程中达到的最大值，即当 $\cos(\omega t + \varphi_i) = 1$ 时，有

$$i_{max} = I_m$$

当 $\cos(\omega t + \varphi_i) = -1$ 时，有正弦量的最小值 $i_{min} = -I_m$。$i_{max} - i_{min} = 2I_m$ 称为正弦量的峰—峰值。

　　(2) 角频率 ω。随时间变化的角度 $\omega t + \varphi_i$ 称为正弦量的相位，或称为相角。ω 称为正弦量的角频率，反映正弦量相位的变化速度，即

$$\omega = \frac{d(\omega t + \varphi_i)}{dt}$$

角频率 ω 的单位是弧度/秒（rad/s）。角频率 ω 与周期 T、频率 f 之间的关系为

$$\omega = \frac{2\pi}{T} = 2\pi f$$

我国工业化生产的电能为正弦电源,其频率为 50Hz,该频率称为工频或市频,相对应的角频率是 314rad/s。工程中常以频率区分电路,如音频电路、高频电路、超高频电路等。

(3)初相(初相角、初相位)φ_i。φ_i 是正弦量在 $t=0$ 时刻的相位,称为正弦量的初相位或初相角,简称初相,即

$$(\omega t + \varphi_i)\big|_{t=0} = \varphi_i$$

初相 φ_i 反映了正弦量的计时起点,单位用弧度(rad)或度(°)表示。一般规定,初相 φ_i 的主值范围是 $|\varphi_i| \leqslant \pi$。

对于任一正弦量,其初相是允许任意指定的,但对于同一电路系统中所有的正弦量,只能相对于同一个计时起点确定各自的相位。

同一个正弦量,计时起点不同,初相就不同。当正弦量的正的最大值点与计时起点重合时,初相 $\varphi_i=0$,如图 5-7(a)所示;当正弦量的正的最大值点在计时起点右侧时,初相 $\varphi_i<0$,如图 5-7(b)所示;当正弦量的正的最大值点在计时起点左侧时,初相 $\varphi_i>0$,如图 5-7(c)所示。

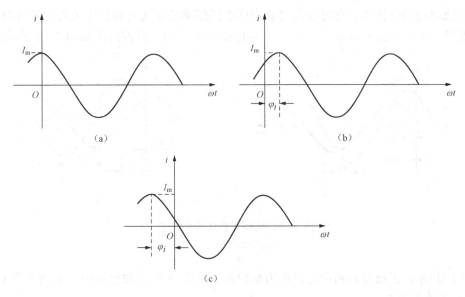

图 5-7 初相的判定

(a) $\varphi_i=0$;(b) $\varphi_i<0$;(c) $\varphi_i>0$

【例 5-3】 已知某正弦电流 $i(t)$ 的波形图如图 5-8 所示,$\omega=1000$rad/s。写出 $i(t)$ 的瞬时值表达式,并求出最大值发生的时间 t_1。

解 正弦电流 $i(t)$ 的瞬时值表达式为 $i(t)=I_m\cos(\omega t+\varphi_i)$,确定其三个要素:振幅 I_m、角频率 ω、初相 φ_i。

根据图 5-8 所示波形图可知,振幅 $I_m=100$A。角频率 ω 已知,$\omega=1000$rad/s。初相 φ_i 由图 5-8 所示波形图中 $t=0$ 时的电流值 $i(0)=50$A 确定。当 $t=0$ 时,$i(0)=50$A$=100\cos(\varphi_i)$,得出 $\varphi_i=\pm\pi/3$。又知当正弦量的正的最大值点在计时起点右侧时,初相 $\varphi_i<0$,因此,可以确定 $\varphi_i=-\pi/3$。

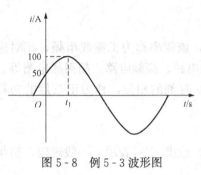

图 5-8　例 5-3 波形图

所以，正弦电流 $i(t)$ 的瞬时值表达式为

$$i(t) = 100\cos\left(1000t - \frac{\pi}{3}\right)\text{A}$$

当 $t = t_1$ 时，正弦电流 $i(t_1) = 100\cos\left(1000t_1 - \frac{\pi}{3}\right) =$

100A，得

$$\cos\left(1000t_1 - \frac{\pi}{3}\right) = 1$$

解得

$$t_1 = \frac{\frac{\pi}{3}}{1000} \approx 1.047\text{ms}$$

正弦电压 $u(t) = U_\text{m}\cos(\omega t + \varphi_u)$ 的三要素即振幅 U_m、角频率 ω 和初相 φ_u 的定义方式与正弦电流相同。

正弦量的三要素是正弦量之间进行比较和区分的依据。

5.2.3　同频率正弦量的相位差

在交流电路的分析中，有时还需要确定两个同频率的正弦量的相位关系。设有两个同频率的正弦量，$u(t) = U_\text{m}\cos(\omega t + \varphi_u)$，$i(t) = I_\text{m}\cos(\omega t + \varphi_i)$，其波形图如图 5-9 所示。

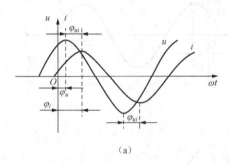　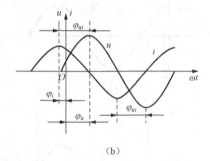

(a)　　　　　　　　　　　　　(b)

图 5-9　同频正弦量的相位差

(a) $\varphi_{ui} > 0$；(b) $\varphi_{ui} < 0$

两个同频率的正弦量的相位之差称为相位差。图 5-9 所示波形图中，正弦电压 $u(t)$ 与电流 $i(t)$ 的相位差为

$$\varphi_{ui} = (\omega t + \varphi_u) - (\omega t + \varphi_i) = \varphi_u - \varphi_i$$

而电流 $i(t)$ 与电压 $u(t)$ 的相位差为

$$\varphi_{iu} = (\omega t + \varphi_i) - (\omega t + \varphi_u) = \varphi_i - \varphi_u$$

说明两个同频率正弦量的相位差等于它们的初相之差，是一个与时间无关的常数，且 $\varphi_{ui} = -\varphi_{iu}$。

两个同频率正弦量的相位比较结果常用"超前"和"滞后"来说明。由于正弦量是相位按 2π 弧度循环变化的周期函数，因此为避免混淆，通常规定相位差的取值范围为 $|\varphi_{ui}| \leqslant \pi$。对于不在该取值范围内的相位差，可以通过 $\varphi_{ui} \pm 2\pi$ 将其变换到该取值范围内。

当 $\varphi_{ui} > 0$ 时，称为 u 超前 i 一角度 φ_{ui}，表明 u 先到达正的最大值，也可以说 i 滞后 u 一角度 φ_{ui}，如图 5-9（a）所示。

当 $\varphi_{ui} < 0$ 时，称为 u 滞后 i 一角度 $|\varphi_{ui}|$，表明 i 先到达正的最大值，也可以说 i 超前 u 一角度 $|\varphi_{ui}|$，如图 5 - 9 (b) 所示。

当 φ_{ui} 为某个特殊值时，电压 u 与电流 i 有特殊相位关系为：同相、正交、反相。

当 $\varphi_{ui} = 0$ 时，称为 u 与 i 同相位，简称同相，表明 u 与 i 同时到达正的最大值或 0，如图 5 - 10 (a) 所示。

当 $\varphi_{ui} = \pm\pi/2$ 时，称为 u 与 i 正交，如图 5 - 10 (b) 所示，u 到达正的最大值时，i 恰好达到 0，u 超前 i 的弧度为 $\pi/2$，相位正交。

当 $\varphi_{ui} = \pm\pi$ 时，称为 u 与 i 反相位，简称反相，如图 5 - 10 (c) 所示。

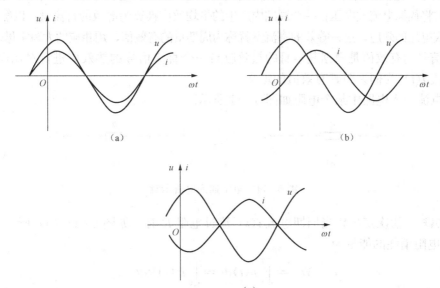

图 5 - 10　同频正弦量的特殊相位关系

(a) $\varphi_{ui}=0$；(b) $\varphi_{ui}=\pm\pi/2$；(c) $\varphi_{ui}=\pm\pi$

两个正弦量的相位进行比较，除了注意频率相同之外，还要注意两个正弦量的正负符号相同、函数形式相同，且要求两个正弦量的初相、相位差均在主值范围之内。

【例 5 - 4】　分别计算如下几组正弦量的相位差，并说明相位关系。

(1) $u_1(t) = 20\cos(10\pi t + 30°)$ V，$u_2(t) = 10\cos(20\pi t + 45°)$ V；

(2) $i_1(t) = 20\cos(10\pi t + 30°)$ A，$i_2(t) = 10\sin(10\pi t - 15°)$ A；

(3) $i_1(t) = 10\cos(10\pi t - 30°)$ A，$i_2(t) = -5\cos(10\pi t + 30°)$ A；

(4) $i_1(t) = 10\cos(100\pi t + 3\pi/4)$A，$i_2(t) = 10\cos(100\pi t - \pi/2)$A。

解　(1) $u_1(t)$ 和 $u_2(t)$ 两个正弦量频率不同，比较相位没有实际意义。

(2) $i_1(t)$ 和 $i_2(t)$ 函数形式不同，首先将其化为同类函数，即

$$i_1(t) = 20\cos(10\pi t + 30°)\text{A},$$

$$i_2(t) = 10\sin(10\pi t - 15°)\text{A} = 10\cos(10\pi t - 105°)\text{A}$$

$$\varphi_{12} = 30° - (-105°) = 135°$$

即 $i_1(t)$ 超前 $i_2(t)$ 135°。

(3) $i_1(t)$ 与 $i_2(t)$ 符号不同，首先将其化为同符号函数，即

$$i_1(t) = 10\cos(10\pi t - 30°)\text{A},$$
$$i_2(t) = -5\cos(10\pi t + 30°)\text{A} = 5\cos(10\pi t - 150°)\text{A}$$
$$\varphi_{12} = -30° - (-150°) = 120°$$

即 $i_1(t)$ 超前 $i_2(t)120°$。

（4）$\varphi_1 - \varphi_2 = 3\pi/4 - (-\pi/2) = 5\pi/4 > \pi$，超出主值范围，因此 $\varphi_{12} = 5\pi/4 - 2\pi = -3\pi/4$。所以，$i_1(t)$ 滞后 $i_2(t)3\pi/4$。

5.2.4　正弦量的有效值

周期信号（包括正弦信号）的瞬时值随时间不断变化，在测量和计算中使用很不方便，因此在工程中常将周期电流或电压在一个周期内产生的平均效应换算为等效的直流量，以衡量和比较周期电流或电压的效应，这一等效的直流量就称为周期量的有效值，用相应的大写字母表示。

周期信号的有效值是根据其本身的热效应与一个直流信号的热效应进行对比而定义的。以周期电流 $i(t)$ 为例说明其有效值的定义。

不同电流通入电路中某个电阻如图 5-11 所示。

(a)　　　　　　　　　　　　　　　(b)

图 5-11　电阻通入电流示意

根据焦耳—楞次定律，当周期电流 $i(t)$ 流过电阻 R 时，如图 5-11（a）所示，在一个周期 T 内电阻消耗的能量为

$$W_1 = \int_0^T p(t)\mathrm{d}t = \int_0^T i^2(t)R\mathrm{d}t$$

直流电流 I 流过电阻 R 时，如图 5-11（b）所示，在相同时间 T 内，电阻消耗的能量为

$$W_2 = \int_0^T I^2 R\mathrm{d}t = I^2 RT$$

上述两种情况下，如果在相同时间内（一个周期 T）电阻消耗的能量相同，就平均效应而言，这两个电流是等效的，即

$$I^2 RT = \int_0^T i^2(t)R\mathrm{d}t$$

则

$$I = \sqrt{\frac{1}{T}\int_0^T i^2(t)\mathrm{d}t} \tag{5-1}$$

此电流 I 就定义为周期电流 $i(t)$ 的有效值。由于周期量的有效值等于其瞬时值在一个周期内积分的平均值的平方根，因此有效值又称为均方根值。

当周期电流 $i(t)$ 是正弦电流时，将 $i(t) = I_m\cos(\omega t + \varphi_i)$ 代入式（5-1），可得正弦电流的有效值为

$$I = \sqrt{\frac{1}{T}\int_0^T [I_m\cos(\omega t + \varphi_i)]^2 \mathrm{d}t} = \sqrt{\frac{I_m^2}{T}\int_0^T \frac{1 + \cos2(\omega t + \varphi_i)}{2}\mathrm{d}t} = \frac{I_m}{\sqrt{2}} \approx 0.707 I_m$$

则

$$I_m = \sqrt{2}I$$

即正弦电流的最大值 I_m 与有效值 I 之间存在着 $\sqrt{2}$ 倍关系，正弦电流 $i(t)=I_m\cos(\omega t+\varphi_i)$ 也可以写成如下形式

$$i(t) = \sqrt{2}I\cos(\omega t + \varphi_i)$$

同理，周期电压 $u(t)$ 的有效值可定义为

$$U = \sqrt{\frac{1}{T}\int_0^T u^2(t)\,\mathrm{d}t} \qquad (5-2)$$

正弦电压 $u(t)=U_m\cos(\omega t+\varphi_u)$ 的有效值、最大值之间存在关系为

$$U = \frac{U_m}{\sqrt{2}} \approx 0.707U_m \quad \text{或} \quad U_m = \sqrt{2}U$$

正弦电压 $u(t)=U_m\cos(\omega t+\varphi_u)$ 也可以写成如下形式

$$u(t) = \sqrt{2}U\cos(\omega t + \varphi_u)$$

正弦量的三要素也可以用有效值、角频率、初相表示。正弦量的有效值与正弦量的角频率、初相无关。

有效值的应用十分广泛，在工程中或实验室内测量时所用的交流电压表、交流电流表的刻度指其有效值。工程上所说的正弦电压、电流一般是指有效值，如交流设备铭牌上的额定电压或电流、电网的电压等级等。通常所说的民用交流电的电压为 220V、工业用电电压为 380V 等，指的也是电压的有效值。但设备的绝缘水平、耐压值则指的是其最大值。因此，在考虑电气设备的耐压水平时，应按电压的最大值考虑。

5.3 相 量 法 基 础

【基本概念】

正弦量：电路中按正弦或余弦规律变化的电压或电流，统称为正弦量。正弦量有三要素：振幅（有效值）、角频率和初相。

余弦函数的微分：

$$\frac{\mathrm{d}\cos(\omega t)}{\mathrm{d}t} = -\omega\sin(\omega t) = \omega\cos\left(\omega t + \frac{\pi}{2}\right)$$

余弦函数的积分：

$$\int \cos(\omega t)\,\mathrm{d}t = \frac{1}{\omega}\sin(\omega t) = \frac{1}{\omega}\cos\left(\omega t - \frac{\pi}{2}\right)$$

【引入】

如图 5-12 所示正弦稳态电路，已知电压源 $u_S=\sqrt{2}U\cos(314t+\varphi_u)$ V 和电阻、电感、电容的 R、L、C 值，求电路中的电流 i 和电压 u_C。

根据第 1 章所学元件的 VCR：$u_R=Ri$，$u_L=L\dfrac{\mathrm{d}i}{\mathrm{d}t}$，$u_C=\dfrac{1}{C}\displaystyle\int i\,\mathrm{d}t$ 或 $i=C\dfrac{\mathrm{d}u_C}{\mathrm{d}t}$，以及 KVL：$u_S=u_R+u_L+u_C$，若要得到电流 i，需要求解微积分方程

$$u_S = u_R + u_L + u_C = Ri + L\frac{\mathrm{d}i}{\mathrm{d}t} + \frac{1}{C}\int i\,\mathrm{d}t$$

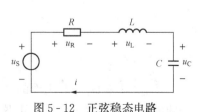

图 5-12 正弦稳态电路

而要得到电容电压 u_C，则需要求解二阶微分方程

$$u_S = u_C + RC\frac{\mathrm{d}u_C}{\mathrm{d}t} + LC\frac{\mathrm{d}^2 u_C}{\mathrm{d}t^2}$$

无论求解微积分方程，还是求解二阶微分方程，都是十分繁琐的。

相量法是分析研究线性电路在正弦形式激励下稳态响应的有效方法，此时，线性电路的稳态响应是与激励同频率的正弦量。相量法是在数学理论和电路理论的基础上建立起来的一种系统方法，用相量（复数）代表正弦量，将描述正弦稳态电路的微分（微积分）方程变换成复数代数方程，从而简化了电路的分析和计算。

5.3.1　正弦量的相量表示和相量图

任何一个正弦量可以由它的振幅（或有效值）、角频率（频率）、初相这三个要素唯一确定。一个正弦量的微分、积分，或者两个同频率正弦量的加、减，结果仍然是同频率的正弦量。正弦稳态电路中，响应和激励均为同频率的正弦量，而激励的频率通常是已知的，因此要求响应，只需求出其振幅（或有效值）、初相即可。而复数可以用模、辐角，或者实部、虚部两部分表示，因此通过研究正弦量与复数的变换关系，可以建立正弦量与复数的对应关系。借助于相量（复数）表示正弦量的振幅（或有效值）和初相，将电路的微、积分方程转换为复数代数方程，从而大大简化正弦稳态电路的分析计算，这就是正弦稳态电路的相量分析法。

将正弦电流 $i(t) = I_m\cos(\omega t + \varphi_i)$ 和指数形式、三角形式的复数

$$I_m e^{\mathrm{j}(\omega t + \varphi_i)} = I_m\cos(\omega t + \varphi_i) + \mathrm{j}I_m\sin(\omega t + \varphi_i)$$

进行比较，可以看出任何一个正弦量都有唯一与其对应的复函数，且正弦量是复数的实部，即

$$i(t) = I_m\cos(\omega t + \varphi_i)$$

$$= \mathrm{Re}[I_m e^{\mathrm{j}(\omega t + \varphi_i)}] = \mathrm{Re}[I_m e^{\mathrm{j}\omega t} e^{\mathrm{j}\varphi_i}] = \mathrm{Re}[\dot{I}_m e^{\mathrm{j}\omega t}] = \mathrm{Re}[\sqrt{2}\,\dot{I} e^{\mathrm{j}\omega t}]$$

式中，$\dot{I}_m$、$\dot{I}$ 是复常数，分别为

$$\dot{I}_m = I_m e^{\mathrm{j}\varphi_i} = I_m\angle\varphi_i \tag{5-3}$$

$$\dot{I} = I e^{\mathrm{j}\varphi_i} = I\angle\varphi_i \tag{5-4}$$

式中，$\dot{I}_m$ 称为正弦量 $i(t)$ 的振幅相量，模对应正弦量 $i(t)$ 的振幅，辐角对应 $i(t)$ 的初相；$\dot{I}$ 称为正弦量 $i(t)$ 的有效值相量，简称相量，模对应正弦量 $i(t)$ 的有效值，辐角对应 $i(t)$ 的初相。$\dot{I}_m$ 和 $\dot{I}$ 的关系为

$$\dot{I}_m = \sqrt{2}\,\dot{I}$$

同理，正弦电压 $u(t) = U_m\cos(\omega t + \varphi_u)$ 对应振幅相量 $\dot{U}_m$、相量 $\dot{U}$ 及其关系分别为

$$\dot{U}_m = U_m e^{\mathrm{j}\varphi_u} = U_m\angle\varphi_u \tag{5-5}$$

$$\dot{U} = U e^{\mathrm{j}\varphi_u} = U\angle\varphi_u \tag{5-6}$$

$$\dot{U}_m = \sqrt{2}\,\dot{U}$$

$\dot{I}_m$、$\dot{I}$、$\dot{U}_m$、$\dot{U}$ 上面的"·"（点）表示这一复数与正弦量关联的特殊身份，区别于一般的复数，也表示区别于正弦量的振幅、有效值。由于有效值的广泛使用，本书后面内容

凡无下标"m"的相量均指有效值相量。

相量在复平面上的图形称为相量图，如图 5-13 所示为正弦电流 $i(t)$ 对应的相量 $\dot{I}$ 的相量图。

【例 5-5】 已知正弦电压 $u(t)=311.1\cos(314t+60°)\text{V}$，电流 $i(t)=141.4\cos(314t-30°)\text{A}$，求对应相量 $\dot{U}$ 和 $\dot{I}$，并画出其相量图。

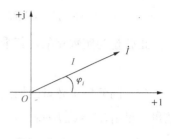

图 5-13 相量图

解 正弦电压 $u(t)=311.1\cos(314t+60°)\text{V}$ 对应的相量为

$$\dot{U}=\frac{311.1}{\sqrt{2}}\angle 60°=220\angle 60°(\text{V})$$

正弦电流 $i(t)=141.4\cos(314t-30°)\text{A}$ 对应的相量为

$$\dot{I}=\frac{141.4}{\sqrt{2}}\angle -30°\approx 100\angle -30°(\text{A})$$

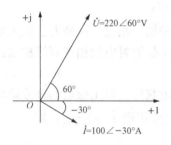

图 5-14 例 5-5 相量图

画出相量 $\dot{U}$ 和 $\dot{I}$ 的相量图，如图 5-14 所示。

【例 5-6】 已知一正弦电路的频率 $f=50\text{Hz}$，某处电流的相量形式为 $\dot{I}=50\angle -15°\text{A}$，试写出该正弦电流的瞬时值表达式。

解 设支路电流正弦电流的瞬时值表达式为 $i(t)=\sqrt{2}I\cos(\omega t+\varphi_i)$，式中需要确定三个要素：有效值 I、角频率 ω 和初相 φ_i。

正弦量的有效值对应其相量的模 $I=50\text{A}$；角频率与频率成正比 $\omega=2\pi f=314\text{rad/s}$；正弦量的初相对应其相量的辐角 $\varphi_i=-15°$。

所以，该正弦电流的瞬时值表达式为

$$i(t)=\sqrt{2}I\cos(\omega t+\varphi_i)=50\sqrt{2}\cos(314t-15°)\text{A}$$

值得注意的是，正弦稳态电路中的正弦量既可以用瞬时值表达式或对应的波形图表示，也可以用相量或对应的相量图表示，并且正弦量的瞬时值表达式与其对应的相量可以相互转换，但是相量是表示正弦量的复数，不可能与在实数中取值的正弦量相等，与正弦量是一一对应关系。这种关系可以简单地用"↔"表示，即

$$i(t)=\sqrt{2}I\cos(\omega t+\varphi_i)\leftrightarrow \dot{I}=I\angle\varphi_i$$

$$u(t)=\sqrt{2}U\cos(\omega t+\varphi_u)\leftrightarrow \dot{U}=U\angle\varphi_u$$

因此，下面的写法是错误的：

$$i(t)=50\sqrt{2}\cos(314t-15°)\text{A}=50\angle -15°\text{A}$$

相量与频率无关。由相量求正弦量的表达式时必须知道角频率 ω。相量之间所表示的运算关系只能在同频的正弦量中使用。

5.3.2 正弦量运算向相量运算的转化

(1) 正弦量与实数相乘。设 $i(t)=\sqrt{2}I\cos(\omega t+\varphi_i)$，计算 $ki(t)$，其中 k 为不为 0 的实数。有

$$ki(t) = k\mathrm{Re}\left[\sqrt{2}\,\dot{I}\,\mathrm{e}^{\mathrm{j}\omega t}\right] = \mathrm{Re}\left[\sqrt{2}k\,\dot{I}\,\mathrm{e}^{\mathrm{j}\omega t}\right] = \sqrt{2}kI\cos(\omega t + \varphi_i)$$

正弦量与实数相乘，其乘积的相量为原正弦量的相量与实数相乘，即

$$ki(t) \leftrightarrow k\,\dot{I} = kI\angle\varphi_i$$

（2）同频率正弦量的加法或减法。同频率正弦量的加法或减法的运算结果仍为同频率正弦量。设 $i_1(t) = \sqrt{2}I_1\cos(\omega t + \varphi_1)$，$i_2(t) = \sqrt{2}I_2\cos(\omega t + \varphi_2)$，计算 $i(t) = i_1(t) + i_2(t)$，有

$$
\begin{aligned}
i(t) &= i_1(t) + i_2(t) \\
&= \sqrt{2}I_1\cos(\omega t + \varphi_1) + \sqrt{2}I_2\cos(\omega t + \varphi_2) \\
&= \mathrm{Re}\left[\sqrt{2}\,\dot{I}_1\,\mathrm{e}^{\mathrm{j}\omega t}\right] + \mathrm{Re}\left[\sqrt{2}\,\dot{I}_2\,\mathrm{e}^{\mathrm{j}\omega t}\right] = \mathrm{Re}\left[\sqrt{2}(\dot{I}_1 + \dot{I}_2)\,\mathrm{e}^{\mathrm{j}\omega t}\right] = \mathrm{Re}\left[\sqrt{2}\,\dot{I}\,\mathrm{e}^{\mathrm{j}\omega t}\right] \\
&= \sqrt{2}I\cos(\omega t + \varphi_i)
\end{aligned}
$$

由上述计算过程可知，同频率正弦量相加的计算，可以通过相量相加的计算来完成，有

$$i(t) = i_1(t) + i_2(t) \leftrightarrow \dot{I} = \dot{I}_1 + \dot{I}_2$$

与把三角函数直接相加或者用描点法（画波形图，然后逐点相加）相比，这种方法大大简化了计算。以后进行同频率正弦量相加或相减计算时，可将各正弦量对应的相量直接相加或相减，最后将相量形式的计算结果变换成正弦量即可。

（3）正弦量的微分。正弦量微分运算的结果仍为同频率正弦量。对正弦量的微分运算也可以转化为对应的相量的运算。设 $i(t) = \sqrt{2}I\cos(\omega t + \varphi_i)$，对应相量 $\dot{I} = I\angle\varphi_i$，则

$$\frac{\mathrm{d}i(t)}{\mathrm{d}t} = \frac{\mathrm{d}\left[\sqrt{2}I\cos(\omega t + \varphi_i)\right]}{\mathrm{d}t} = -\sqrt{2}\omega I\sin(\omega t + \varphi_i) = \sqrt{2}\omega I\cos\left(\omega t + \varphi_i + \frac{\pi}{2}\right)$$

或

$$\frac{\mathrm{d}i(t)}{\mathrm{d}t} = \frac{\mathrm{d}\mathrm{Re}\left[\sqrt{2}\,\dot{I}\,\mathrm{e}^{\mathrm{j}\omega t}\right]}{\mathrm{d}t} = \mathrm{Re}\left[\sqrt{2}\,\dot{I}\,\mathrm{j}\omega\mathrm{e}^{\mathrm{j}\omega t}\right] = \sqrt{2}\omega I\cos\left(\omega t + \varphi_i + \frac{\pi}{2}\right)$$

正弦量 $\mathrm{d}i(t)/\mathrm{d}t$ 对应的相量等于正弦量 $i(t)$ 的相量乘以 $\mathrm{j}\omega$，即

$$\frac{\mathrm{d}i(t)}{\mathrm{d}t} \leftrightarrow \mathrm{j}\omega\,\dot{I} = 1\angle\frac{\pi}{2}\cdot\omega I\angle\varphi_i = \omega I\angle\left(\varphi_i + \frac{\pi}{2}\right)$$

（4）正弦量的积分。正弦量积分运算的结果仍为同频率正弦量。对正弦量的积分运算也可以转化为对应的相量的运算。设 $i(t) = \sqrt{2}I\cos(\omega t + \varphi_i)$，对应相量 $\dot{I} = I\angle\varphi_i$，则根据上面的结论不难得到

$$\int i(t)\mathrm{d}t = \sqrt{2}\frac{I}{\omega}\cos\left(\omega t + \varphi_i - \frac{\pi}{2}\right)$$

$\int i(t)\mathrm{d}t$ 对应的相量等于正弦量 $i(t)$ 的相量除以 $\mathrm{j}\omega$，即

$$\int i(t)\mathrm{d}t \leftrightarrow \frac{\dot{I}}{\mathrm{j}\omega} = \frac{I\angle\varphi_i}{1\angle\dfrac{\pi}{2}\omega} = \frac{I}{\omega}\angle\left(\varphi_i - \frac{\pi}{2}\right)$$

【例 5-7】 已知正弦电压 $u_1(t) = 4\sqrt{2}\cos(314t + 30°)\mathrm{V}$，$u_2(t) = 5\sqrt{2}\sin(314t + 60°)\mathrm{V}$。

求 $u_1(t)+u_2(t)$，并画出其相量图。

解　由于 $u_1(t)$、$u_2(t)$ 为同频率正弦量，则它们的和仍为同频率的正弦量，设 $u(t)=u_1(t)+u_2(t)$，$\dot U$、$\dot U_1$、$\dot U_2$ 分别为 $u(t)$、$u_1(t)$、$u_2(t)$ 所对应的相量。显然

$$\dot U = \dot U_1 + \dot U_2$$

由 $u_1(t)=4\sqrt2\cos(314t+30°)\mathrm{V}$，得出

$$\dot U_1 = 4\angle30°\mathrm{V}$$

由 $u_2(t)=5\sqrt2\sin(314t+60°)=5\sqrt2\cos(314t+60°-90°)=5\sqrt2\cos(314t-30°)(\mathrm V)$，得出

$$\dot U_2 = 5\angle-30°\mathrm{V}$$

于是有

$$
\begin{aligned}
\dot U &= \dot U_1 + \dot U_2 = 4\angle30° + 5\angle-30° \\
&= 3.464+\mathrm j2+4.33-\mathrm j2.5 = 7.794-\mathrm j0.5 \\
&\approx 7.81\angle-3.67°(\mathrm V)
\end{aligned}
$$

即

$$u(t)=u_1(t)+u_2(t)=7.81\sqrt2\cos(314t-3.67°)\mathrm V$$

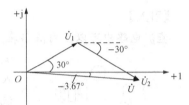

图 5-15　例 5-7 相量图

画出电压相量图，如图 5-15 所示，其中 $\dot U = \dot U_1 + \dot U_2$。

【例 5-8】　如图 5-12 所示正弦稳态电路，已知电压源 $u_\mathrm S=200\sqrt2\cos(1000t+30°)\mathrm V$，$R=10\Omega$，$L=10\mathrm{mH}$，$C=50\mu\mathrm F$。求电流 i。

解　由 $u_\mathrm S(t)=200\sqrt2\cos(1000t+30°)\mathrm V$，得其对应相量形式为

$$\dot U_\mathrm S = 200\angle30°\mathrm{V}$$

电路中的激励和响应是同频率正弦量，设电流 $i(t)=\sqrt2 I\cos(1000t+\varphi_i)\mathrm A$，对应相量 $\dot I=I\angle\varphi_i\mathrm A$。而依据元件 VCR，$u_\mathrm R=Ri$，$u_\mathrm L=L\dfrac{\mathrm di}{\mathrm dt}$，$u_\mathrm C=\dfrac1C\displaystyle\int i\mathrm dt$，列出关于电流 i 的微积分方程为

$$u_\mathrm S = u_\mathrm R + u_\mathrm L + u_\mathrm C = Ri + L\frac{\mathrm di}{\mathrm dt} + \frac1C\int i\mathrm dt$$

转化为相量形式的代数方程为

$$\dot U_\mathrm S = \dot U_\mathrm R + \dot U_\mathrm L + \dot U_\mathrm C = R\dot I + \mathrm j\omega L\,\dot I + \frac1{\mathrm j\omega C}\,\dot I = \left(R+\mathrm j\omega L+\frac1{\mathrm j\omega C}\right)\dot I$$

代入数据得

$$200\angle30° = \left(10+\mathrm j1000\times10\times10^{-3}+\frac1{\mathrm j1000\times50\times10^{-6}}\right)\dot I$$

解得

$$\dot I = 10\sqrt2\angle75°\mathrm A$$

对应瞬时值表达式为

$$i(t) = 20\cos(1000t+75°)\mathrm A$$

5.4　电路定律的相量形式

【基本概念】

基尔霍夫电流定律：在集总电路中，任何时刻，对于任一节点，所有流过该节点的支路电流的代数和恒等于0。其数学表达式为

$$\sum i_k = 0$$

基尔霍夫电压定律：在集总电路中，任何时刻，沿任一回路，所有支路电压的代数和恒等于0。其数学表达式为

$$\sum u_k = 0$$

【引入】

直流电路中可以应用基尔霍夫电压定律和基尔霍夫电压定律。而对电阻元件通入直流电

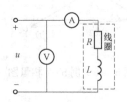

图 5-16　线圈电路

流。其电压与电流成正比，即欧姆定律成立；对电感元件通入直流电流，可视电感元件为短路；对电容元件通入直流电流，可视电容元件为开路。那么，交流电路中，在正弦电源作用下，给电阻元件、电感元件、电容元件通入正弦电流，其所起的作用与通入直流电流时是否一样，与交流电源的频率有没有关系呢？如图 5-16 所示电路，分别给线圈连接直流电源（$U=6\text{V}$）和交流电源（$f=50\text{Hz}$，$U=6\text{V}$）。当激励为直流电源时，直流电压表测得读数为 6V，直流电流表测得读数为 0.03A；当激励变为交流电压源时，交流电压表测得读数是否为 6V，交流电流表测得读数是否为 0.03A 呢？

基尔霍夫定律（KCL、KVL）和元件的伏安关系（VCR）是进行电路分析的两个基本依据，因此在介绍正弦稳态电路的相量分析法之前，首先要讨论基尔霍夫定律（KCL、KVL）和元件的伏安关系（VCR）的相量形式。直接用相量通过复数形式的电路方程描述电路的基本定律 VCR、KCL 和 KVL，称为电路定律的相量形式。

5.4.1　基尔霍夫定律的相量形式

已知基尔霍夫电流定律（KCL）的时域表达式为

$$\sum i(t) = 0$$

对于正弦稳态电路，由于各电流都是同频率的正弦量，因此，上式可写为

$$\sum i(t) = \sum \text{Re}\left[\sqrt{2}\,\dot{I}\,e^{j\omega t}\right] = \text{Re}\sum\left[\sqrt{2}\,\dot{I}\,e^{j\omega t}\right] = \text{Re}\left[\sqrt{2}\left(\sum \dot{I}\right)e^{j\omega t}\right] = 0$$

得出 KCL 的相量形式为

$$\sum \dot{I} = 0 \qquad\qquad (5-7)$$

式（5-7）表明，在正弦稳态情况下，对于任一节点，各支路电流相量的代数和等于0。同样的，基尔霍夫电压定律（KVL）的时域表达式为

$$\sum u(t) = 0$$

正弦稳态电路中，由于各电压都是同频率的正弦量，因此，KVL 的相量形式为

$$\sum \dot{U} = 0 \qquad\qquad (5-8)$$

式（5-8）表明，在正弦稳态情况下，对于任一回路，各支路电压相量的代数和等于 0。

【例 5-9】 如图 5-17（a）所示正弦稳态电路节点 N 处有电流 $i_1(t)=10\sqrt{2}\cos(314t)$ A，$i_2(t)=10\sqrt{2}\cos(314t-120°)$A。求 $i_3(t)$，并画出各电流相量的相量图。

解 两正弦电流 $i_1(t)=10\sqrt{2}\cos(314t)$A、$i_2(t)=10\sqrt{2}\cos(314t-120°)$A 的相量形式分别为

$$\dot{I}_1=10\angle0°\text{A}, \quad \dot{I}_2=10\angle-120°\text{A}$$

由 KCL 的相量形式

$$\dot{I}_1+\dot{I}_2+\dot{I}_3=0$$

得

$$\dot{I}_3=-\dot{I}_1-\dot{I}_2=-10\angle0°-10\angle-120°=-10+5-j5\sqrt{3}=-5+j5\sqrt{3}=10\angle120°\text{(A)}$$

或者利用相量图，如图 5-17（b）所示，由 $\dot{I}_1+\dot{I}_2+\dot{I}_3=0$ 直接得出

$$\dot{I}_3=-\dot{I}_1-\dot{I}_2=10\angle120°\text{A}$$

所以

$$i_3(t)=10\sqrt{2}\cos(314t+120°)\text{A}$$

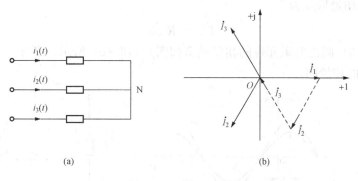

图 5-17 例 5-9 图

【例 5-10】 如图 5-18 所示正弦稳态电路，已知某回路的支路电压 $u_1(t)=200\sqrt{2}\cos(314t)$V，$u_2(t)=100\sqrt{2}\cos(314t+45°)$V，$u_3(t)=100\sqrt{2}\cos(314t-45°)$V。求 $u_S(t)$。

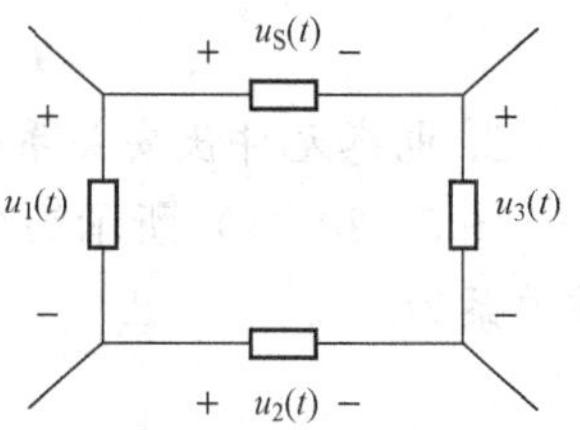

解 $u_1(t)=200\sqrt{2}\cos(314t)$V 对应 $\dot{U}_1=200\angle0°$V；

$u_2(t)=100\sqrt{2}\cos(314t+45°)$V 对应 $\dot{U}_2=100\angle45°$V；

$u_3(t)=100\sqrt{2}\cos(314t-45°)$V 对应 $\dot{U}_3=100\angle-45°$V。

由 KVL 的相量形式

图 5-18 例 5-10 图

$$\dot{U}_1+\dot{U}_2-\dot{U}_3-\dot{U}_S=0$$

得

$$\dot{U}_S=\dot{U}_1+\dot{U}_2-\dot{U}_3=200\angle0°+100\angle45°-100\angle-45°$$
$$=200+50\sqrt{2}+j50\sqrt{2}-50\sqrt{2}+j50\sqrt{2}=200+j100\sqrt{2}$$

$$\approx 244.95\angle 35.26°(\mathrm{V})$$

所以
$$u_\mathrm{S}(t) = 244.95\sqrt{2}\cos(314t + 35.26°)\,\mathrm{V}$$

5.4.2 基本元件伏安关系的相量形式

1. 电阻元件伏安关系的相量形式

图 5-19（a）所示为线性电阻元件 R 的时域模型，根据欧姆定律，电压、电流的时域关系为

$$u_\mathrm{R}(t) = Ri_\mathrm{R}(t)$$

若电阻通入正弦电流 $i_\mathrm{R}(t)=\sqrt{2}I_\mathrm{R}\cos(\omega t+\varphi_i)$，则两端电压为

$$u_\mathrm{R}(t) = Ri_\mathrm{R}(t) = \sqrt{2}RI_\mathrm{R}\cos(\omega t + \varphi_i) = \sqrt{2}U_\mathrm{R}\cos(\omega t + \varphi_u)$$

可以看出，电压、电流的频率相同，且有效值、初相满足

$$U_\mathrm{R} = RI_\mathrm{R}$$

$$\varphi_u = \varphi_i$$

这表明，电阻两端电压的有效值等于 R 与电流有效值的乘积，而且电压与电流同相。图 5-19（b）所示为电阻 R 上电压、电流的波形图。令 $\dot{U}_\mathrm{R}=U_\mathrm{R}\angle\varphi_u$，$\dot{I}_\mathrm{R}=I_\mathrm{R}\angle\varphi_i$，则电阻 R 欧姆定律的相量形式为

$$\dot{U}_\mathrm{R} = R\dot{I}_\mathrm{R} \tag{5-9}$$

根据式（5-9）画出电阻元件的相量模型如图 5-19（c）所示。图 5-18（d）为电阻元件的电压、电流的相量图。

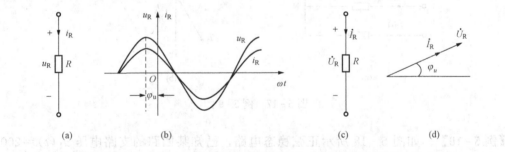

(a)　　(b)　　(c)　　(d)

图 5-19　电阻元件

2. 电感元件伏安关系的相量形式

图 5-20（a）所示为线性电感元件 L 的时域模型，电压、电流伏安关系（VCR）的时域关系为

$$u_\mathrm{L}(t) = L\frac{\mathrm{d}i_\mathrm{L}(t)}{\mathrm{d}t}$$

若电感通入正弦电流 $i_\mathrm{L}(t)=\sqrt{2}I_\mathrm{L}\cos(\omega t+\varphi_i)$，则两端电压为

$$u_\mathrm{L}(t) = L\frac{\mathrm{d}i_\mathrm{L}(t)}{\mathrm{d}t} = \sqrt{2}\omega LI_\mathrm{L}\cos\left(\omega t + \varphi_i + \frac{\pi}{2}\right) = \sqrt{2}U_\mathrm{L}\cos(\omega t + \varphi_u)$$

可以看出，电压、电流的频率相同，且有效值、初相满足

$$U_\mathrm{L} = \omega LI_\mathrm{L}$$

$$\varphi_u = \varphi_i + \frac{\pi}{2}$$

这表明，电感电压有效值等于 ωL 与电流有效值的乘积，而且电流滞后电压 $\pi/2$。图 5-20 (b) 所示为电感 L 上电压、电流的波形图。令 $\dot{U}_L = U_L \angle \varphi_u$，$\dot{I}_L = I_L \angle \varphi_i$，则电感的电压、电流 VCR 的相量形式为

$$\dot{U}_L = \text{j}\omega L \, \dot{I}_L \tag{5-10}$$

根据式 (5-10) 画出电感元件的相量模型如图 5-20 (c) 所示。图 5-20 (d) 所示为电感元件的电压、电流的相量图。

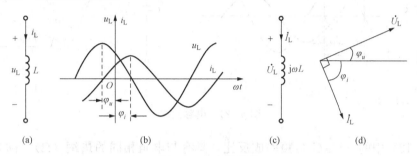

图 5-20　电感元件

式 (5-10) 中的 ωL 与频率成正比，具有与电阻相同的量纲（Ω），称为电感的感抗，用 X_L 表示，即

$$X_L = \omega L$$

当 $\omega = 0$ 时（直流），$\omega L = 0$，$u_L = 0$，电感相当于短路。随着 ω 的增大，感抗增大。当 $\omega \to \infty$ 时，$\omega L \to \infty$，$i_L = 0$，电感相当于开路。

式 (5-10) 又可以写为

$$\dot{U}_L = \text{j}X_L \, \dot{I}_L \tag{5-11}$$

3. 电容元件伏安关系的相量形式

图 5-21 (a) 所示为线性电容元件 C 的时域模型，电压、电流伏安关系（VCR）的时域关系为

$$i_C(t) = C \frac{\text{d}u_C(t)}{\text{d}t}$$

若电容两端加正弦电压 $u_C(t) = \sqrt{2}U_C \cos(\omega t + \varphi_u)$，则流过电容的电流为

$$i_C(t) = C \frac{\text{d}u_C(t)}{\text{d}t} = \sqrt{2}\omega C U_C \cos\left(\omega t + \varphi_u + \frac{\pi}{2}\right) = \sqrt{2} I_C \cos(\omega t + \varphi_i)$$

可以看出，电压、电流的频率相同，且有效值、初相满足

$$U_C = \frac{1}{\omega C} I_C$$

$$\varphi_u = \varphi_i - \frac{\pi}{2}$$

这表明，电容电压有效值等于 $1/\omega C$ 与电流有效值的乘积，而且电压滞后于电流 $\pi/2$。图 5-21 (b) 所示为电容 C 上电压、电流的波形图。令 $\dot{U}_C = U_C \angle \varphi_u$，$\dot{I}_C = I_C \angle \varphi_i$，则电容的电压、电流 VCR 的相量形式为

$$\dot{I}_C = j\omega C\, \dot{U}_C$$

$$\dot{U}_C = \frac{1}{j\omega C}\dot{I}_C = -j\frac{1}{\omega C}\dot{I}_C \tag{5-12}$$

根据式（5-12）画出电容元件的相量模型如图5-21（c）所示。图5-21（d）所示为电容元件的电压、电流的相量图。

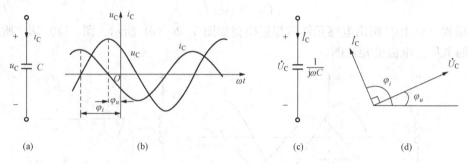

图 5-21　电容元件

式（5-12）中的 $-1/\omega C$ 与频率成反比，具有与电阻相同的量纲（Ω），称为电容的容抗，用 X_C 表示，即

$$X_C = -\frac{1}{\omega C}$$

当 $\omega = 0$ 时（直流），$-1/\omega C \to \infty$，$i_C = 0$，电容相当于开路。随着 ω 的增大，容抗的绝对值减小。当 $\omega \to \infty$ 时，$-1/\omega C = 0$，$u_C = 0$，电容相当于短路。

式（5-12）又可以写为

$$\dot{U}_C = jX_C\, \dot{I}_C \tag{5-13}$$

电容元件的电压、电流的有效值关系为

$$U_C = -X_C I_C$$

注意：负号不可忽略。

5.4.3　电路的相量模型

对于一个正弦稳态电路，往往借助于相量形式的电路模型即电路的相量模型，利用电路定律（KCL、KVL、VCR）的相量形式，直接写出相量形式的电路方程，求解得到相量形式的结果，或者再转化为正弦量形式，即相量分析法。电路的相量模型是将电路中所有的电压和电流（包括独立源、受控源和各支路电压、电流）用相量形式标记，电阻、电感、电容元件分别用复数形式的 R、$j\omega L$、$1/j\omega C$ 标记，其他与原电路图相同。

【例 5-11】　在图 5-22（a）所示正弦稳态电路中，已知电流源电流 i_S 的有效值 $I_S = 2A$，角频率 $\omega = 10^3\,\text{rad/s}$，$R = 100\,\Omega$，$L = 0.2\text{H}$，$C = 12.5\mu\text{F}$。求电压 u 和 u_{ab}，并画出关于电压的相量图。

解　画出电路的相量模型，如图 5-22（b）所示。其中

$$j\omega L = j10^3 \times 0.2 = j200(\Omega)$$

$$\frac{1}{j\omega C} = \frac{1}{j10^3 \times 12.5 \times 10^{-6}} = -j80(\Omega)$$

令电流源电流相量 $\dot{I}_S = 2\angle 0°\text{A}$ [对应 $i_S = 2\sqrt{2}\cos(10^3 t + 0°)\text{A}$] 作为参考相量。根据元

件 VCR，有

$$\dot{U}_{\mathrm{R}} = R\,\dot{I}_{\mathrm{S}} = 200\angle 0°\mathrm{V}(\dot{U}_{\mathrm{R}} \text{ 与 } \dot{I}_{\mathrm{S}} \text{ 同相})$$

$$\dot{U}_{\mathrm{L}} = \mathrm{j}\omega L\,\dot{I}_{\mathrm{S}} = 400\angle 90°\mathrm{V}(\dot{U}_{\mathrm{L}} \text{ 超前 } \dot{I}_{\mathrm{S}}90°)$$

$$\dot{U}_{\mathrm{C}} = \frac{1}{\mathrm{j}\omega C}\dot{I}_{\mathrm{S}} = 160\angle -90°\mathrm{V}(\dot{U}_{\mathrm{C}} \text{ 滞后 } \dot{I}_{\mathrm{S}}90°)$$

根据 KVL，有

$$\dot{U} = \dot{U}_{\mathrm{R}} + \dot{U}_{\mathrm{L}} + \dot{U}_{\mathrm{C}} = 200\angle 0° + 400\angle 90° + 160\angle -90° = 312.41\angle 50.19°(\mathrm{V})$$

$$\dot{U}_{\mathrm{ab}} = \dot{U}_{\mathrm{R}} + \dot{U}_{\mathrm{L}} = 200\angle 0° + 400\angle 90° = 447.21\angle 63.43°(\mathrm{V})$$

所以

$$u = 312.41\sqrt{2}\cos(10^3 t + 50.19°)\mathrm{V}$$

$$u_{\mathrm{ab}} = 447.21\sqrt{2}\cos(10^3 t + 63.43°)\mathrm{V}$$

画出电压相量图，如图 5-22（c）所示，$\dot{U} = \dot{U}_{\mathrm{R}} + \dot{U}_{\mathrm{L}} + \dot{U}_{\mathrm{C}}$，$\dot{U}_{\mathrm{ab}} = \dot{U}_{\mathrm{R}} + \dot{U}_{\mathrm{L}}$。

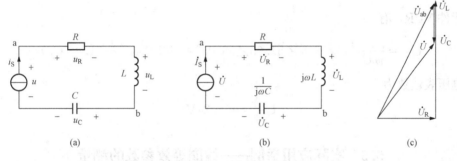

图 5-22　例 5-11 图

【例 5-12】　正弦稳态电路如图 5-23（a）所示，已知电压源 $u_{\mathrm{S}} = 20\sqrt{2}\cos(10^3 t + 30°)$ V，电流源 $i_{\mathrm{S}} = 2\sqrt{2}\cos(10^3 t)$ A，$R_1 = 2\Omega$，$R_2 = 5\Omega$，$L = 0.01\mathrm{H}$，$C = 125\mu\mathrm{F}$。试画出电路的相量模型，并求出电流表、电压表的读数（图中所用电压表、电流表为交流仪表，其读数为所测量的有效值）。

　　解　电路的相量模型如图 5-23（b）所示。图中 $\dot{U}_{\mathrm{S}} = 20\angle 30°\mathrm{V}$，$\dot{I}_{\mathrm{S}} = 2\angle 0°\mathrm{A}$，$\mathrm{j}\omega L =$

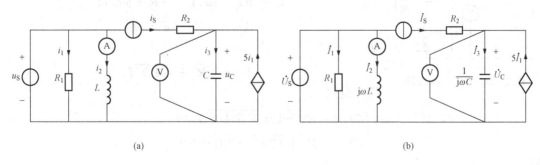

图 5-23　例 5-12 图

$j10^3 \times 0.01 = j10\ (\Omega)$，$\dfrac{1}{j\omega C} = \dfrac{1}{j10^3 \times 125 \times 10^{-6}} = -j8\ (\Omega)$。

电感与电压源并联，根据 KVL，其两端电压即为 $\dot{U}_S = 20\angle 30°$ V，再利用元件 VCR，则

$$\dot{I}_2 = \frac{\dot{U}_S}{j\omega L} = \frac{20\angle 30°}{j10} = 2\angle -60°(A)$$

因此，电流表读数为

$$I_2 = 2A$$

同理

$$\dot{I}_1 = \frac{\dot{U}_S}{R_1} = \frac{20\angle 30°}{2} = 10\angle 30°(A)$$

根据 KCL，电容电流为

$$\dot{I}_3 = \dot{I}_S + 5\dot{I}_1 = 2\angle 0° + 5 \times 10\angle 30° \approx 51.03\angle 58.05°(A)$$

再利用元件 VCR，有

$$\dot{U}_C = \frac{1}{j\omega C}\dot{I}_3 = -j8 \times 51.03\angle 58.05° \approx 408.24\angle -31.95°(V)$$

因此，电压表读数为

$$U_C = 408.24V$$

5.5 实际应用举例——线圈等效参数的测量

实验室中，常用改变频率的方法测线圈的等效参数。线圈的参数 R 和 L 是固有的，线圈的感抗 ωL 随电源频率发生变化。

【例 5 - 13】   电路如图 5 - 24 所示，已知电压源电压固定，$U = 60$V，其频率可调，当频率 $f = 50$Hz 时，电流表读数 $I = 10$A，当频率 $f' = 100$Hz 时，电流表读数 $I' = 6$A。求线圈的等效参数 R 和 L。

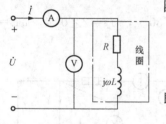

图 5 - 24 例 5 - 13 电路

解   根据电路定律的相量形式，有

$$\dot{U} = R\dot{I} + j\omega L\dot{I} = (R + j\omega L)\dot{I}$$

$$|\dot{U}| = |R + j\omega L||\dot{I}|$$

即

$$U = \sqrt{R^2 + (\omega L)^2}\,I$$

代入数据

$$\begin{cases} 60 = \sqrt{R^2 + (2\pi \times 50L)^2} \times 10 \\ 60 = \sqrt{R^2 + (2\pi \times 100L)^2} \times 6 \end{cases}$$

解得

$$R = 3.83\Omega, \quad L = 14.7\text{mH}$$

1. 复数的代数形式和极坐标形式

$$F = a + \mathrm{j}b = |F| \angle \theta$$

其中

模

$$|F| = \sqrt{a^2 + b^2}$$

辐角

$$\theta = \arg F = \begin{cases} \arctan \dfrac{b}{a} & (a > 0) \\[2ex] \pi - \arctan \dfrac{b}{|a|} & (a < 0, b > 0) \\[2ex] -\pi + \arctan \dfrac{b}{a} & (a < 0, b < 0) \end{cases}$$

2. 正弦量的三要素及其相量形式

正弦量的瞬时值表达式为

$$i(t) = I_{\mathrm{m}}\cos(\omega t + \varphi_i) = \sqrt{2}I\cos(\omega t + \varphi_i)$$

振幅 I_{m}（有效值 I）、角频率 ω、初相 φ_i 称为正弦量的三要素。

$\dot{I}_{\mathrm{m}} = I_{\mathrm{m}} \angle \varphi_i$ 称为电流振幅相量，$\dot{I} = I \angle \varphi_i$ 称为电流相量。正弦量与其相量存在一一对应的关系。

3. 电路定律的相量形式

（1）基尔霍夫定律的相量形式。KCL 和 KVL 的相量形式为

$$\sum \dot{I} = 0 \quad \text{和} \quad \sum \dot{U} = 0$$

（2）元件 VCR 的相量形式。电阻、电感和电容元件 VCR 的相量形式见表 5-2。

表 5-2   元件 VCR 的相量形式

元件	相量模型	相量关系	有效值关系	相位关系	相量图
电阻		$\dot{U}_{\mathrm{R}} = R\dot{I}_{\mathrm{R}}$	$U_{\mathrm{R}} = RI_{\mathrm{R}}$	$\varphi_u = \varphi_i$	
电感		$\dot{U}_{\mathrm{L}} = \mathrm{j}\omega L\dot{I}_{\mathrm{L}}$ $= \mathrm{j}X_{\mathrm{L}}\dot{I}_{\mathrm{L}}$	$U_{\mathrm{L}} = \omega LI_{\mathrm{L}}$ $= X_{\mathrm{L}}I_{\mathrm{L}}$	$\varphi_u = \varphi_i + \dfrac{\pi}{2}$	
电容		$\dot{U}_{\mathrm{C}} = \dfrac{1}{\mathrm{j}\omega C}\dot{I}_{\mathrm{C}}$ $= \mathrm{j}X_{\mathrm{C}}\dot{I}_{\mathrm{C}}$	$U_{\mathrm{C}} = \dfrac{1}{\omega C}I_{\mathrm{C}}$ $= -X_{\mathrm{C}}I_{\mathrm{C}}$	$\varphi_u = \varphi_i - \dfrac{\pi}{2}$	

✕ 习　　题

5-1　将下列复数转化为极坐标形式。

(1) $F_1 = 3 + j4$；

(2) $F_2 = 2 - j1$；

(3) $F_3 = -30 + j50$；

(4) $F_4 = -9 - j15$。

5-2　将下列复数转化为代数形式。

(1) $F_1 = 5\angle 45°$；

(2) $F_2 = 15\angle -112.5°$；

(3) $F_3 = 10\angle -10.5°$；

(4) $F_4 = 100\angle -90°$。

5-3　若 $F_1 = 5\angle 30°$，$F_2 = 20\angle -15°$，求 $F_1 + F_2$、$F_1 F_2$ 和 F_1/F_2。

5-4　若已知两个正弦电压 $u_1 = 20\sqrt{2}\cos(10^3 t + 30°)\mathrm{V}$，$u_2 = 10\sqrt{2}\cos(10^3 t - 30°)\mathrm{V}$，求

(1) u_1、u_2 的有效值、角频率和初相；

(2) u_1、u_2 的相位差 φ_{12}；

(3) 写出电压相量 $\dot{U}_1$、$\dot{U}_2$，并画出其相量图；

(4) 若 $u_2 = 10\sqrt{2}\sin(10^3 t - 30°)\mathrm{V}$，重新回答 (1) ~ (3)。

5-5　分别写出下列各正弦量对应的相量。

(1) $i_1 = 14.14\cos(\omega t + 15°)\mathrm{A}$；

(2) $i_2 = 8.66\sin(\omega t + 15°)\mathrm{A}$；

(3) $i_3 = -14.14\sqrt{2}\cos(\omega t + 15°)\mathrm{A}$。

5-6　设 $i_1 = 14.14\cos(\omega t + 15°)$，$i_2 = 5\sqrt{2}(\omega t + 75°)$，求 $i_1 + i_2$、$\mathrm{d}i_1/\mathrm{d}t$、$\int i_2 \mathrm{d}t$。

5-7　已知图 5-25 所示电路中，三个电压源的电压分别为 $u_A = 220\sqrt{2}\cos(314t)\mathrm{V}$，$u_B = 220\sqrt{2}\cos(314t - 120°)\mathrm{V}$，$u_C = 220\sqrt{2}\cos(314t + 120°)\mathrm{V}$。求 $u_A + u_B + u_C$ 和 u_{AB}。

5-8　已知图 5-26 所示电路中，$u_S = 220\sqrt{2}\cos(314t + 10°)\mathrm{V}$，$i_1 = 20\sqrt{2}\cos(314t + 100°)\mathrm{A}$，$i_2 = 10\sqrt{2}\cos(314t + 10°)\mathrm{A}$，$i_3 = 20\sqrt{2}\cos(314t - 80°)\mathrm{A}$。求

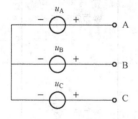

图 5-25　题 5-7 图

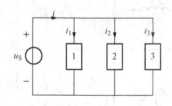

图 5-26　题 5-8 图

(1) 电流 i；

(2) 判断元件 1、2、3 的性质并求元件参数。

5-9　某一元件的电压、电流（关联参考方向）分别为下述情况时，试判断元件的性质。

(1) $\begin{cases} u=220\sqrt{2}\cos(314t+10°)\text{V} \\ i=22\sqrt{2}\sin(314t+100°)\text{A}; \end{cases}$

(2) $\begin{cases} u=220\sin(314t+10°)\text{V} \\ i=22\cos(314t+10°)\text{A}; \end{cases}$

(3) $\begin{cases} u=-50\cos(314t+30°)\text{V} \\ i=-10\sin(314t+30°)\text{A}。 \end{cases}$

5-10　图 5-27 所示电路中，电压表 V1 和 V2 的读数分别为 50V、60V，求电压源 u_S 的有效值 U_S。

5-11　图 5-28 所示电路中，已知 $u_S=100\sqrt{2}\cos(10t+23°)\text{V}$，$R=40\Omega$，$L=1\text{H}$。求电流 i 和电压 u_L。

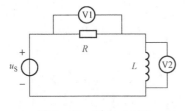
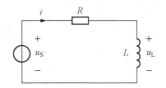

图 5-27　题 5-10 图　　　　　　图 5-28　题 5-11、5-12 图

5-12　在图 5-28 所示 RL 串联电路中，在有效值 $U_S=220\text{V}$、频率 $f=50\text{Hz}$ 的正弦电源作用下，电流有效值 $I=4.4\text{A}$。若电源电压有效值不变，但频率增大为 100Hz 时，电流 $I=2.3\text{A}$，求 R、L 的值。

5-13　图 5-29 所示电路中，已知 $u_S=220\sqrt{2}\cos(\omega t+60°)\text{V}$，$\omega=100\text{rad/s}$，$R=40\Omega$，$C=100\mu\text{F}$。求：

(1) 电流 i 和电压 u_C；

(2) 电源频率增大一倍后的电流 i 和电压 u_C。

5-14　图 5-30 所示电路中，已知 $I_1=6\text{A}$，$I_2=8\text{A}$。求电流 I。

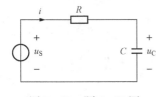
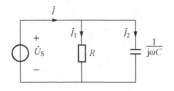

图 5-29　题 5-13 图　　　　　　图 5-30　题 5-14 图

5-15　图 5-31 所示电路中，已知 $\dot{I}_2=1\angle0°\text{A}$。试求 $\dot{U}_S$ 和 $\dot{I}$。

5-16　图 5-32 所示电路中，已知 $\dot{U}_\mathrm{S}=220\angle30°\mathrm{V}$。试求 $\dot{I}_1$ 和 $\dot{I}_2$。

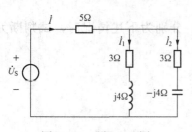

图 5-31　题 5-15 图

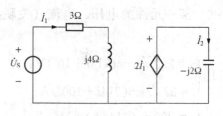

图 5-32　题 5-16 图

5-17　图 5-33 所示电路中，已知 $\dot{I}_\mathrm{S}=10\angle0°\mathrm{A}$。求 $\dot{U}$ 和 $\dot{I}_2$。

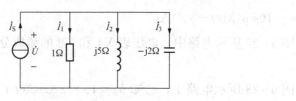

图 5-33　题 5-17 图

6　正弦稳态电路及其分析

本章用相量法分析线性正弦稳态电路。主要介绍了阻抗、导纳、有功功率、无功功率、视在功率、复功率、谐振等概念，以及正弦稳态电路的电路定理、定律的相量方程描述和应用和最大功率传输。

【教学要求及目标】

知识要点	目标与要求	相关知识	掌握程度评价
阻抗与导纳	熟练掌握	欧姆定律	
正弦稳态电路的分析	熟练掌握	基尔霍夫定律、电阻电路的分析方法	
正弦稳态电路的功率	熟练掌握	瞬时功率、最大功率传输定理	
谐振	熟练掌握	串联、并联、角频率	

6.1　阻　抗　与　导　纳

【基本概念】

电阻：线性电阻元件的参数，用 R 表示，单位为欧姆（Ω）。

电导：线性电阻元件的参数，是电阻的倒数，用 G 表示，单位为西门子，简称西（S）。

欧姆定律：线性电阻元件的电压和电流为关联参考方向时，$u=Ri$ 或 $i=Gu$；为非关联参考方向时，$u=-Ri$ 或 $i=-Gu$。

【引入】

一个无源网络内是单个电阻、电感或者电容元件时，分析元件的伏安关系，可以得知元件电压有效值与电流有效值的比值是一个实常数：电阻元件是 R；电感元件是 $X_L=\omega L$，称为感抗；电容元件是 $-X_C=\dfrac{1}{\omega C}$，X_C 称为容抗。感抗和容抗的值与电源的角频率 ω 有关。

元件电压相量与电流相量的比值是一个复常数：电阻元件是 R，电感元件是 $j\omega L$，电容元件是 $\dfrac{1}{j\omega C}$。而对于含有一个或者多个无源元件的单口网络，分析其伏安关系时，可以求得端口的电压相量与电流相量的比值，该比值也是一个复常数，那么，用什么概念来定义这些复常数呢？端口的电流相量与电压相量的比值，又用什么概念来定义呢？端口电压有效值与电流有效值的比值呢？

第1章已经介绍，在线性电阻电路中，任意一个线性无源两端网络可等效为一个电阻或电导。在正弦稳态电路中，引入阻抗和导纳的概念，则任意一个无源两端网络的相量模型可与一个阻抗或导纳等效。

6.1.1　阻抗

如图 6-1（a）所示，N_0 是由线性电阻、电感、电容或受控源等元件组成的无源一端口

（或两端网络），正弦稳态情况下，其端口电压、电流是同频率的正弦量。设其端口电压、电流（关联参考方向）分别为

$$u(t) = \sqrt{2}U\cos(\omega t + \varphi_u)$$

$$i(t) = \sqrt{2}I\cos(\omega t + \varphi_i)$$

则其对应的相量分别为

$$\dot{U} = U\angle\varphi_u$$

$$\dot{I} = I\angle\varphi_i$$

将一端口 N_0 的电压相量 $\dot{U}$ 与电流相量 $\dot{I}$ 的比值定义为一端口 N_0 的输入阻抗或等效阻抗，简称阻抗，记为 Z，即

$$Z = \frac{\dot{U}}{\dot{I}} \qquad\qquad (6\text{-}1)$$

式（6-1）可以变换为

$$\dot{U} = Z\dot{I} \qquad\qquad (6\text{-}2)$$

式（6-2）与电阻电路中的欧姆定律相似，故称为欧姆定律的相量形式。

将 $\dot{U} = U\angle\varphi_u$、$\dot{I} = I\angle\varphi_i$ 代入式（6-1），则

$$Z = \frac{\dot{U}}{\dot{I}} = \frac{U}{I}\angle\varphi_u - \varphi_i = |Z|\angle\varphi_Z$$

阻抗 Z 不是相量，而是一个复数，其电路符号与电阻相同，相量模型如图 6-1（b）所示。阻抗的模 $|Z|$ 称为阻抗模，辐角 φ_Z 称为阻抗角，显然有

$$|Z| = \frac{U}{I}$$

$$\varphi_Z = \varphi_u - \varphi_i$$

即阻抗的模等于电压与电流的有效值（或振幅）之比，阻抗角等于电压与电流的相位差，取值范围为 $|\varphi_Z| \leqslant \pi$。

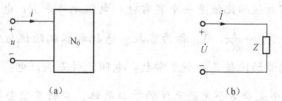

图 6-1 一端口 N_0 的阻抗

阻抗 Z 还可以表示为代数形式，即

$$Z = R + jX$$

其中，R 是阻抗的实部，称为电阻，一般情况下 $R \geqslant 0$；X 是阻抗的虚部，称为电抗。

阻抗 Z、阻抗模 $|Z|$、电阻 R、电抗 X 的单位都是欧姆（Ω）。

当 $X > 0$ 时，Z 称为感性阻抗，X 称为感性电抗，可用等效电感 L_{eq} 的感抗 X_L 来替代，即

$$\omega L_{eq} = X_L \quad \text{或} \quad L_{eq} = \frac{X_L}{\omega}$$

当 $X<0$ 时，Z 称为容性阻抗，X 称为容性电抗，可用等效电容 C_{eq} 的容抗 X_C 来替代，即

$$-\frac{1}{\omega C_{eq}} = X_C \quad \text{或} \quad C_{eq} = -\frac{1}{\omega X_C}$$

当 $X=0$ 时，Z 称为纯阻性阻抗，$Z=R$。

欧姆定律的相量形式可以转换为

$$\dot{U} = (R + jX)\dot{I} \tag{6-3}$$

由式（6-3）得，一端口 N_0 的阻抗可以用一个电阻元件和一个电抗元件（电感或电容）的串联等效，如图 6-2（a）所示。如果确定电抗的性质，感性阻抗等效电路如图 6-2（b）所示，容性阻抗等效电路如图 6-2（c）所示。

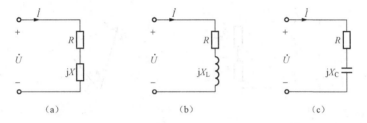

图 6-2　无源一端口 N_0 的阻抗等效电路

阻抗 Z 在复平面上以直角三角形表示，通常称之为阻抗三角形，如图 6-3（a）所示。阻抗三角形的简单画法，如图 6-3（b）所示。阻抗 Z 的电阻 R（$R>0$）、电抗 X、阻抗模 $|Z|$、阻抗角 φ_Z 之间的关系为

$$\left.\begin{array}{l} R = |Z|\cos\varphi_Z \\ X = |Z|\sin\varphi_Z \\ |Z| = \sqrt{R^2 + X^2} \\ \varphi_Z = \arctan\dfrac{X}{R} \end{array}\right\}$$

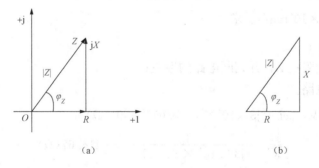

图 6-3　阻抗三角形及其简单画法（$\varphi_Z>0$ 或 $X>0$）

由式（6-3），图 6-2（a）所示无源一端口 N_0 的阻抗等效电路中电阻和电抗将端电压

$\dot{U}$分解为两个分量，一个是电阻电压相量$\dot{U}_R$，且$\dot{U}_R = R\dot{I}$；另一个是电抗电压相量$\dot{U}_X$，且$\dot{U}_X = jX\dot{I}$。各电压相量如图6-4（a）所示。根据KVL，三个电压相量在复平面上组成一个与阻抗三角形相似的直角三角形，称为电压三角形（由阻抗三角形乘以$\dot{I}$获得），如图6-4（b）所示。有

$$\dot{U} = \dot{U}_R + \dot{U}_X$$

各电压有效值之间的关系为

$$U = \sqrt{U_R^2 + U_X^2}$$

阻抗角：

$$\varphi_Z = \begin{cases} \arctan \dfrac{U_X}{U_R} & (X > 0) \\[2mm] -\arctan \dfrac{U_X}{U_R} & (X < 0) \end{cases}$$

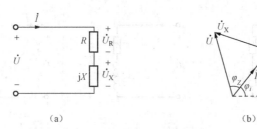

(a)　　　　　　　　　(b)

图6-4　一端口 N_0 用阻抗 Z 表示（$\varphi_Z > 0$）

如果无源一端口 N_0 的内部仅含有单个元件 R、L 或 C，根据电路元件伏安关系的相量形式，即式（5-9）～式（5-11），则元件的阻抗分别为

$$Z_R = R(\varphi_Z = 0)$$
$$Z_L = j\omega L = jX_L(\varphi_Z = 90°)$$
$$Z_C = \frac{1}{j\omega C} = -j\frac{1}{\omega C} = jX_C(\varphi_Z = -90°)$$

且式（5-10）和式（5-11）可以认为是欧姆定律的另两种相量形式。

【例6-1】　如图6-5（a）所示正弦稳态电路，已知$R=15\Omega$，$L=0.3\text{mH}$，$C=2\mu\text{F}$，$\dot{U}=5\angle 60°\text{V}$，$\omega=3\times10^4\text{rad/s}$。求

（1）电流相量 $\dot{I}$；

（2）电路的等效阻抗 Z，并判断电路的性质；

（3）画出等效电路。

解　$\dot{U}=5\angle 60°\text{V}$，$j\omega L = j3\times10^4\times0.3\times10^{-3} = j9$（$\Omega$）

$$\frac{1}{j\omega C} = \frac{1}{j3\times10^4\times2\times10^{-6}} \approx -j16.67(\Omega)$$

根据元件 VCR，有

$$\dot{U}_R = R\dot{I} = 15\dot{I}, \quad \dot{U}_L = j\omega L\dot{I} = j9\dot{I}, \quad \dot{U}_C = \frac{1}{j\omega C}\dot{I} = -j16.67\dot{I}$$

根据KVL，有

$$\dot{U} = \dot{U}_R + \dot{U}_L + \dot{U}_C = \left(R + j\omega L + \frac{1}{j\omega C}\right)\dot{I}$$

$$= (15 + j9 - j16.67)\dot{I} \approx 16.85\angle-27.08°\,\dot{I}$$

（1）根据欧姆定律的相量形式，有

$$\dot{I} = \frac{\dot{U}}{R + j\omega L + \dfrac{1}{j\omega C}} = \frac{5\angle60°}{16.85\angle-27.08°} \approx 0.3\angle87.08°(A)$$

（2）根据阻抗定义，有

$$Z = \frac{\dot{U}}{\dot{I}} = 15 - j7.67 \approx 16.85\angle-27.08°(\Omega)$$

依据阻抗结果，其电抗小于 0，阻抗角小于 0，因此，电路呈现容性。

（3）等效阻抗可以认为是一个电阻和一个电容的串联，如图 6-5（b）所示。其中

$$R_{eq} = 15\Omega,\ C_{eq} = -\frac{1}{\omega X_C} = -\frac{1}{3\times10^4\times(-7.67)} \approx 4.35(\mu F)$$

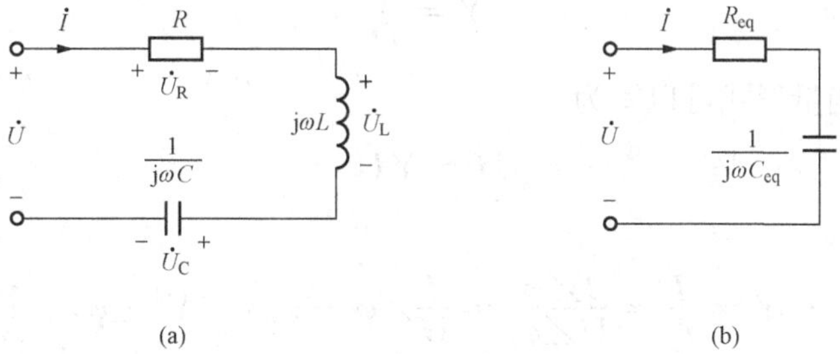

(a)　　　　　　　　　　　　(b)

图 6-5　例 6-1 图

【例 6-2】　正弦稳态电路如图 6-6（a）所示，已知 $\dot{I} = I\angle0°A$，电路呈现容性。求 $\dot{U}$ 和阻抗 Z，并画出电路的阻抗三角形和电压三角形（只需简单画法）。

解　根据 KVL 和元件 VCR，有

$$\dot{U} = \dot{U}_R + \dot{U}_L + \dot{U}_C = R\dot{I} + j\omega L\,\dot{I} + \frac{1}{j\omega C}\dot{I} = [R + j(X_L + X_C)]\dot{I}$$

所以

$$Z = \frac{\dot{U}}{\dot{I}} = R + j\omega L + \frac{1}{j\omega C} = R + j(X_L + X_C) = |Z|\angle\varphi_Z$$

画出阻抗三角形和电压三角形，如图 6-6（b）所示。其中阻抗三角形中，有

$$|Z| = \sqrt{R^2 + (X_L + X_C)^2}$$

$$\varphi_Z = \arctan\frac{X_L + X_C}{R}$$

电压三角形中，有

$$U = |Z|I = \sqrt{R^2 + (X_L + X_C)^2}\,I = \sqrt{(RI)^2 + (X_L I + X_C I)^2} = \sqrt{U_R^2 + (U_L - U_C)^2}$$

$$\varphi_Z = \arctan\frac{X_L + X_C}{R} = \arctan\frac{(X_L + X_C)I}{RI} = \arctan\frac{U_L - U_C}{U_R}$$

因为电路呈现容性，$\varphi_Z < 0$，$X_L + X_C < 0$，$U_L - U_C < 0$，因此图 6-6（b）中取绝对值 $|X_L + X_C|$、$|U_L - U_C|$。

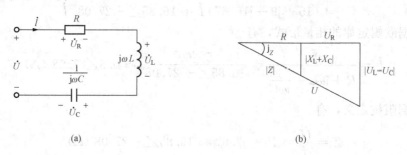

(a)   (b)

图 6-6 例 6-2 图

6.1.2 导纳

将一端口 N_0 的电流相量 $\dot{I}$ 与电压相量 $\dot{U}$ 的比值定义为一端口 N_0 的导纳，记为 Y，即

$$Y = \frac{\dot{I}}{\dot{U}} \tag{6-4}$$

因此，欧姆定律的相量形式可以写为

$$\dot{I} = Y\dot{U} \tag{6-5}$$

又有

$$Y = \frac{\dot{I}}{\dot{U}} = \frac{I \angle \varphi_i}{U \angle \varphi_u} = \frac{I}{U} \angle \varphi_i - \varphi_u = |Y| \angle \varphi_Y$$

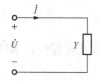

图 6-7 导纳

导纳 Y 是一个复数，其电路符号与电导相同，相量模型如图 6-7 所示。导纳的模 $|Y|$ 称为导纳模，辐角 φ_Y 称为导纳角，显然有

$$|Y| = \frac{I}{U}$$

$$\varphi_Y = \varphi_i - \varphi_u$$

即导纳的模等于电流与电压的有效值（或振幅）之比，导纳角等于电流与电压的相位差，取值范围为 $|\varphi_Y| \leqslant \pi$。

另外，也可以将阻抗 Z 的倒数定义为导纳 Y，即

$$Y = \frac{1}{Z} = \frac{1}{|Z| \angle \varphi_Z} = |Y| \angle \varphi_Y$$

满足

$$\left. \begin{array}{r} |Y||Z| = 1 \\ \varphi_Y + \varphi_Z = 0 \end{array} \right\}$$

导纳 Y 还可以表示为代数形式，即

$$Y = G + jB$$

式中，G 是导纳的实部，称为电导，一般情况下 $G \geqslant 0$；B 是导纳的虚部，称为电纳。

导纳 Y、导纳模 $|Y|$、电导 G、电纳 B 的单位都是门子，简称西（S）。

当 $B > 0$ 时，Y 称为容性导纳，B 称为容纳，用 B_C 表示，等效电容 C_{eq} 及其容纳为

$$C_{eq} = \frac{B_C}{\omega} \quad 或 \quad \omega C_{eq} = B_C$$

当 $B < 0$ 时，Y 称为感性导纳，B 称为感纳，用 B_L 表示，等效电感 L_{eq} 及其感纳为

$$L_{eq} = -\frac{1}{\omega B_L} \quad 或 \quad -\frac{1}{\omega L_{eq}} = B_L$$

当 $B = 0$ 时，Y 称为纯阻性导纳，$Y = G = 1/R$。

欧姆定律的相量形式可以变为

$$\dot{I} = (G + jB)\dot{U} \tag{6-6}$$

导纳 Y 在复平面上以直角三角形表示，称为导纳三角形，如图 6-8 (a) 所示。导纳 Y 的电导 G、电纳 B、导纳模 $|Y|$、导纳角 φ_Y 之间的关系为

$$\left.\begin{array}{l} G = |Y| \cos\varphi_Y \\ B = |Y| \sin\varphi_Y \\ |Y| = \sqrt{G^2 + B^2} \\ \varphi_Y = \arctan\dfrac{B}{G} \end{array}\right\}$$

一端口 N_0 的导纳可以用一个电导元件和一个电纳元件（电感或电容）并联等效，如图 6-8 (b) 所示。电流 $\dot{I}$ 被分解为两个分量，即 $\dot{I}_G = G\dot{U}$ 和 $\dot{I}_B = jB\dot{U}$，根据 KCL，三个电流相量在复平面上组成一个与导纳三角形相似的电流三角形，如图 6-8 (c) 所示，有

$$\dot{I} = \dot{I}_G + \dot{I}_B$$

各电流有效值之间的关系为

$$I = \sqrt{I_G^2 + I_B^2}$$

$$\varphi_Y = \begin{cases} \arctan\dfrac{I_B}{I_G} & (B > 0) \\[2mm] -\arctan\dfrac{I_B}{I_G} & (B < 0) \end{cases}$$

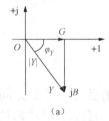 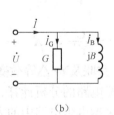 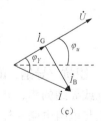

(a)   (b)   (c)

图 6-8 一端口 N_0 用导纳 Y 表示（$\varphi_Y < 0$ 或 $B < 0$）

如果无源一端口 N_0 的内部仅含有单个元件 R、L 或 C，则对应的导纳分别为

$$Y_G = G = \frac{1}{R}(\varphi_Y = 0)$$

$$Y_L = \frac{1}{j\omega L} = -j\frac{1}{\omega L} = jB_L(\varphi_Y = -90°)$$

$$Y_C = j\omega C = jB_C(\varphi_Y = 90°)$$

最后，需要指出两点：

（1）一端口 N_0 的阻抗或导纳是由其内部的参数、结构和正弦电源的频率 ω 决定的，在一般情况下，其每一部分都是频率、参数的函数，随频率、参数变化而变化。

（2）如果无源一端口 N_0 内部不含有受控源，则有 $|\varphi_Z| \leqslant \pi/2$ 或 $|\varphi_Y| \leqslant \pi/2$。但含有受控源时，可能会出现 $\pi \geqslant |\varphi_Z| > \pi/2$ 或 $\pi \geqslant |\varphi_Y| > \pi/2$，其阻抗或导纳的实部将为负值，其等效电路要设定受控源来表示实部。

6.1.3　阻抗和导纳的等效互换

正弦稳态电路中的无源一端口 N_0，就其端口而言，既可用阻抗等效，也可用导纳等效，前者为电阻和电抗的串联电路，后者为电导和电纳的并联电路。而两种参数 Z 和 Y 互为倒数，即

$$YZ = 1$$

Z 和 Y 具有同等效用，彼此可以等效互换。互换条件为

$$|Y||Z| = 1, \quad \varphi_Y + \varphi_Z = 0$$

（1）阻抗 Z 变换为等效导纳 Y。已知一端口 N_0 的阻抗 $Z = R + jX = |Z| \angle \varphi_Z$，则其等效导纳 Y 为

$$Y = \frac{1}{Z} = \frac{1}{R+jX} = \frac{R-jX}{R^2+X^2} = \frac{R}{R^2+X^2} - j\frac{X}{R^2+X^2} = \frac{R}{|Z|^2} - j\frac{X}{|Z|^2}$$
$$= G + jB = |Y| \angle \varphi_Y$$

其中

$$G = \frac{R}{|Z|^2}, \quad B = -\frac{X}{|Z|^2}$$

若 $X > 0$，则 $B < 0$，电路的性质不发生变化。

（2）导纳 Y 变换为等效阻抗 Z。已知一端口 N_0 的导纳 $Y = G + jB = |Y| \angle \varphi_Y$，则其等效阻抗 Z 为

$$Z = \frac{1}{Y} = \frac{1}{G+jB} = \frac{G-jB}{G^2+B^2} = \frac{G}{G^2+B^2} - j\frac{B}{G^2+B^2} = \frac{G}{|Y|^2} - j\frac{B}{|Y|^2}$$
$$= R + jX = |Z| \angle \varphi_Z$$

其中

$$R = \frac{G}{|Y|^2}, \quad X = -\frac{B}{|Y|^2}$$

6.1.4　阻抗（导纳）的串联、并联及Y-△等效变换

对阻抗或导纳的串、并联及混联电路的分析计算、星形-三角形（Y-△）之间的等效互换，形式上与电阻电路一样，可以采纳电阻电路中的方法及相关的公式，其中阻抗与电阻对应，导纳与电导对应。

（1）阻抗的串联。当 n 个阻抗串联时，如图 6-9（a）所示，可以用一个等效阻抗来替代，等效阻抗为

$$Z_{eq} = Z_1 + Z_2 + \cdots + Z_n \tag{6-7}$$

等效电路如图 6-9（b）所示。若总电压相量为 $\dot{U}$，则第 k 个阻抗 Z_k 的电压相量 $\dot{U}_k$，即分压公式为

$$\dot{U}_k = \frac{Z_k}{Z_{eq}}\dot{U} \quad (k = 1, 2, \cdots, n) \tag{6-8}$$

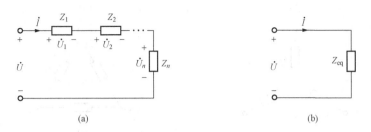

图 6-9 阻抗的串联及等效

（2）导纳的并联。当 n 个导纳并联时，如图 6-10（a）所示，可以用一个等效导纳来替代，等效导纳为

$$Y_{eq} = Y_1 + Y_2 + \cdots + Y_n \tag{6-9}$$

等效电路如图 6-10（b）所示。若总电流相量为 $\dot{I}$，则第 k 个导纳 Y_k 的电流相量 $\dot{I}_k$，即分流公式为

$$\dot{I}_k = \frac{Y_k}{Y_{eq}} \dot{I} \quad (k=1,2,\cdots,n) \tag{6-10}$$

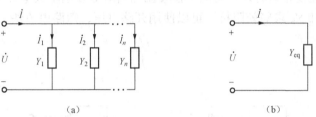

图 6-10 导纳的并联及等效

如果是两个阻抗 Z_1、Z_2 并联，如图 6-10（a）所示，利用 $Y_1=1/Z_1$，$Y_2=1/Z_2$，则等效阻抗为

$$Z_{eq} = \frac{1}{Y_{eq}} = \frac{1}{Y_1+Y_2} = \frac{Z_1 Z_2}{Z_1+Z_2}$$

两个阻抗上的电流相量为

$$\dot{I}_1 = \frac{Y_1}{Y_{eq}} \dot{I} = \frac{Y_1}{Y_1+Y_2} \dot{I} = \frac{Z_2}{Z_1+Z_2} \dot{I}$$

$$\dot{I}_2 = \frac{Y_2}{Y_{eq}} \dot{I} = \dot{I} - \dot{I}_1 = \frac{Z_1}{Z_1+Z_2} \dot{I}$$

（3）阻抗的 Y-△ 等效变换。阻抗电路除了串联、并联、混联之外，还有 Y 联结、△ 联结，如图 6-11 所示。

已知三个阻抗 Z_1、Z_2、Z_3 构成 Y 联结，则其等效△联结电路中的三个阻抗 Z_{12}、Z_{23}、Z_{31} 依据公式为

$$\triangle \text{阻抗} = \frac{\text{Y 阻抗两两乘积之和}}{\text{Y 不相邻阻抗}}$$

如果 $Z_1=Z_2=Z_3=Z_Y$，则 $Z_{12}=Z_{23}=Z_{31}=Z_\triangle$，且 $Z_\triangle=3Z_Y$。

相反，已知三个阻抗 Z_{12}、Z_{23}、Z_{31} 构成△联结，则其等效 Y 联结电路中的三个阻抗 Z_1、

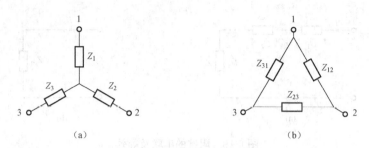

图 6-11　阻抗的 Y-△等效变换

(a) Y 联结；(b) △联结

Z_2、Z_3 依据公式为

$$Y\ 阻抗 = \frac{\triangle\ 相邻阻抗的乘积}{\triangle\ 阻抗之和}$$

如果 $Z_{12}=Z_{23}=Z_{31}=Z_\triangle$，则 $Z_1=Z_2=Z_3=Z_Y$，且 $Z_Y=Z_\triangle/3$。

6.1.5　一端口等效阻抗或导纳的计算

一端口等效阻抗或导纳的计算类似于在直流电路对等效电阻或电导的计算。

（1）含源一端口 N_S 求等效阻抗，可以使用开路电压、短路电流法，即

$$Z_{eq} = \frac{\dot{U}_{OC}}{\dot{I}_{SC}}$$

如图 6-12 所示。

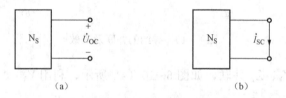

图 6-12　开路电压、短路电流法求等效阻抗

（2）含源一端口 N_S 变为无源一端口 N_0，独立源"置零"，即电压源"短路"，电流源"开路"，然后使用（3）。

（3）无源一端口 N_0 是否含有受控源，计算等效阻抗或导纳的方法不同。

情况一：若无源一端口 N_0 不含有受控源，直接使用阻抗或导纳的串、并联和 Y-△等效变换等方法；

情况二：若无源一端口 N_0 含有受控源，使用外加电源法（加压求流法、加流求压法），如图 6-13 所示，求输入阻抗（等效阻抗），即

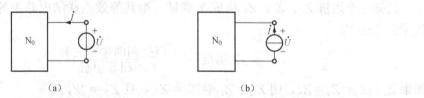

图 6-13　外加电源法求等效阻抗

$$Z_{\text{in}} = \frac{\dot{U}}{\dot{I}} = Z_{\text{eq}}$$

【例 6-3】　如图 6-14（a）所示正弦稳态电路，已知 $\omega=10^3\,\text{rad/s}$，$R_1=10\Omega$，$R_2=4\Omega$，$X_\text{L}=10\Omega$，$X_\text{C}=-16\Omega$。

（1）求电路的阻抗 Z，画出等效串联电路，并求出参数的大小；

（2）求电路的导纳 Y，画出等效并联电路，并求出参数的大小。

解　（1）电路的阻抗 Z：

$$Z = R_1 + \frac{(R_2+jX_\text{L})jX_\text{C}}{(R_2+jX_\text{L})+jX_\text{C}} = 10 + \frac{(4+j10)(-j16)}{(4+j10)+(-j16)} \approx (29.69+j13.54)\Omega$$

电路呈现感性。由 $Z=R_{\text{eq}}+jX_{\text{eq}}$，参数为

$$R_{\text{eq}} = 29.69\Omega$$

$$L_{\text{eq}} = \frac{X_{\text{eq}}}{\omega} = \frac{13.54}{10^3} = 13.54(\text{mH})$$

画出等效 R_{eq} 和 L_{eq} 串联电路，如图 6-14（b）所示。

（2）电路的导纳 Y：

$$Y = \frac{1}{Z} = \frac{1}{29.69+j13.54} \approx (0.0279-j0.0127)\text{S}$$

由 $Y=G_{\text{eq}}+jB_{\text{eq}}$，参数为

$$R'_{\text{eq}} = \frac{1}{G_{\text{eq}}} = \frac{1}{0.0279} \approx 35.84(\Omega)$$

$$L'_{\text{eq}} = -\frac{1}{\omega B_{\text{eq}}} = -\frac{1}{10^3 \times (-0.0127)} \approx 78.74(\text{mH})$$

画出等效 R'_{eq} 和 L'_{eq} 并联电路，如图 6-14（c）所示。

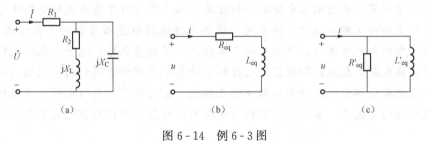

图 6-14　例 6-3 图

【例 6-4】　求如图 6-15（a）所示电路的等效阻抗 Z_{eq}。

解　无源一端口含有 CCVS，其控制量 $\dot{I}$ 来源于端口处。使用加压求流法求等效阻抗，如图 6-15（b）所示。

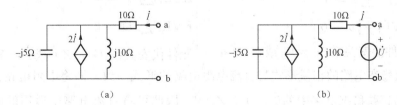

图 6-15　例 6-4 图

根据电路定律的相量形式，有

$$\dot{U} = 10\,\dot{I} + \frac{\mathrm{j}10 \times (-\mathrm{j}5)}{\mathrm{j}10 + (-\mathrm{j}5)} \times (\dot{I} + 2\dot{I}) = (10 - \mathrm{j}30)\dot{I}$$

所以，等效阻抗为

$$Z_{\mathrm{eq}} = \frac{\dot{U}}{\dot{I}} = (10 - \mathrm{j}30)\Omega$$

6.2　正弦稳态电路的一般分析方法

【基本概念】

回路（网孔）电流法：以假想的回路（网孔）电流为未知量，列写回路（网孔）的 KVL 方程的方法，称为回路（网孔）电流法。

节点电压法：以节点电压为未知量，列写独立节点的 KCL 方程的方法，称为节点电压。

叠加定理：在线性电阻电路中，某处电压和电流都是电路中各个独立源单独作用时，在该处分别产生的电压或电流的叠加。

戴维南定理：一个含独立源、线性电阻和受控源的一端口，其对于外电路来说，可以用一个电压源和电阻的串联组合等效置换，此电压源的激励电压等于一端口的开路电压，电阻等于一端口内部全部独立源置零后的输入电阻。

诺顿定理：一个含有独立源、线性电阻和受控源的一端口，其对于外电路来说，可以用一个电流源和电阻的并联组合等效置换，电流源的激励电流等于一端口的短路电流，电阻等于一端口内部全部独立源置零后的输入电阻。

【引入】

前面第 3 章学习了直流电阻电路的分析方法，第 4 章学习了直流电阻电路中电路定理的应用，而实际生活和工程实践中，许多电气设备的性能指标是按正弦稳态来考虑的。例如，交流发电机产生的是正弦电压，电力电路大多数是正弦稳态电路；电子电路中无线电通信及电视广播中的载波是正弦波；即便自动化控制和计算机应用中常遇到的非正弦周期波，也可以借助傅里叶级数分解为一系列不同频率的正弦波。相比较直流电阻电路，正弦稳态电路的元件比电阻电路的更复杂，那么，正弦稳态电路的分析能否使用与直流电阻电路相似的分析方法呢？

基尔霍夫定律 KCL、KVL 和元件的 VCR 是分析集总参数电路的理论基础。分析和比较电阻电路与正弦稳态电路相量形式如下：

直流电阻电路　　　　　　正弦稳态电路

$$\begin{cases} \mathrm{KCL}:\sum i = 0 \\ \mathrm{KVL}:\sum u = 0 \\ \text{元件伏安关系}:u = Ri \text{ 或 } i = Gu \end{cases} \qquad \begin{cases} \mathrm{KCL}:\sum \dot{I} = 0 \\ \mathrm{KVL}:\sum \dot{U} = 0 \\ \text{元件伏安关系}:\dot{U} = Z\dot{I} \text{ 或 } \dot{I} = Y\dot{U} \end{cases}$$

由于正弦稳态电路的相量形式与直流电阻电路的形式一致，即将电阻电路公式中的 U、I、R、G 变为正弦稳态电路中的 $\dot{U}$、$\dot{I}$、Z、Y，因此可将直流电路中适用的回路（网孔）电流法、节点电压法，以及叠加定理、戴维南定理、电源模型等效变换等分析方法推广应用于正弦稳态电路分析。差别仅在于所得电路的方程为以相量形式表示的代数方程及用相量形式描述的电路定理，而计算则为复数运算。

运用相量和相量模型分析正弦稳态电路的方法称为相量法，其分析步骤如下：

(1) 画出电路的相量模型；

(2) 必要时采用等效变换方法简化相量模型；

(3) 选择一种适当的求解方法，列出电路的相量方程；

(4) 解方程，求得所需的电流或电压相量；

(5) 必要时，将求得的电流、电压相量表示为瞬时值表达式。

【例 6-5】 如图 6-16 所示电路相量模型，已知电源电压的有效值 $U=220\text{V}$，$R_1=10\Omega$，$R_2=4\Omega$，$R_3=5\Omega$，$X_2=3\Omega$，$X_3=-5\Omega$。求

(1) 电路的等效阻抗 Z_{eq}；

(2) 各支路电流相量 $\dot{I}_1$、$\dot{I}_2$、$\dot{I}_3$ 和电压相量 $\dot{U}_3$。

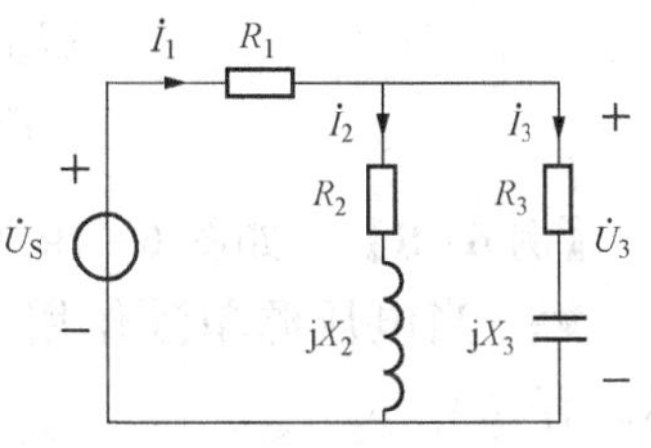

解 (1) 支路 2、支路 3 的阻抗分别为
$$Z_2 = R_2 + jX_2 = (4+j3)\Omega$$
$$Z_3 = R_3 + jX_3 = (5-j5)\Omega$$

图 6-16 例 6-5 电路

电路等效阻抗为

$$Z_{eq} = R_1 + \frac{Z_2 Z_3}{Z_2 + Z_3} = 10 + \frac{(4+j3)(5-j5)}{(4+j3)+(5-j5)} \approx (13.82+j0.294)\Omega$$

(2) 设参考相量 $\dot{U}_S = 220\angle 0°\text{V}$，则支路 1 电流相量为

$$\dot{I}_1 = \frac{\dot{U}_S}{Z_{eq}} = \frac{220\angle 0°}{13.82+j0.294} \approx 15.92\angle -1.22°(\text{A})$$

支路 2 电流相量为

$$\dot{I}_2 = \frac{Z_3}{Z_2+Z_3}\dot{I}_1 = \frac{5-j5}{4+j3+5-j5} \times 15.92\angle -1.22° \approx 12.21\angle -33.69°(\text{A})$$

支路 3 电流相量为

$$\dot{I}_3 = \frac{Z_2}{Z_2+Z_3}\dot{I}_1 = \dot{I}_1 - \dot{I}_2 = 8.63\angle 48.18°\text{A}$$

支路 3 电压相量为

$$\dot{U}_3 = Z_3 \dot{I}_3 = \dot{U}_S - R_1 \dot{I}_1 = 61.05\angle 3.18°\text{V}$$

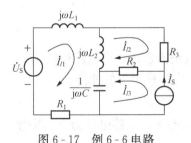

图 6-17 例 6-6 电路

【例 6-6】 如图 6-17 所示电路相量模型，已知两电源频率相同。试列写相量形式的回路电流方程。

解 列出相量形式的回路电流方程组为

$$\begin{cases} \left(R_1 + \dfrac{1}{j\omega C} + j\omega L_1 + j\omega L_2\right)\dot{I}_{l1} - j\omega L_2 \dot{I}_{l2} + \dfrac{1}{j\omega C}\dot{I}_{l3} = \dot{U}_S \\ -j\omega L_2 \dot{I}_{l1} + (j\omega L_2 + R_2 + R_3)\dot{I}_{l2} + R_2 \dot{I}_{l3} = 0 \\ \dot{I}_{l3} = \dot{I}_S \end{cases}$$

【例 6-7】 如图 6-18 所示电路相量模型，已知两电源频率相同。以节点③为参考节点，列写相量形式的节点电压方程，并求节点电压相量 $\dot{U}_{n1}$、$\dot{U}_{n2}$。

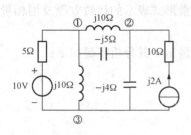

图6-18　例6-7电路

解　相量形式的节点电压方程为

$$\begin{cases}\left(\dfrac{1}{5}+\dfrac{1}{j10}+\dfrac{1}{-j5}+\dfrac{1}{j10}\right)\dot{U}_{n1}-\left(\dfrac{1}{j10}+\dfrac{1}{-j5}\right)\dot{U}_{n2}=\dfrac{10}{5}\\[2mm]-\left(\dfrac{1}{j10}+\dfrac{1}{-j5}\right)\dot{U}_{n1}+\left(\dfrac{1}{j10}+\dfrac{1}{-j5}+\dfrac{1}{-j4}\right)\dot{U}_{n2}=j2\end{cases}$$

整理得

$$\begin{cases}0.2\dot{U}_{n1}-j0.1\dot{U}_{n2}=2\\-j0.1\dot{U}_{n1}+j0.35\dot{U}_{n2}=j2\end{cases}$$

解得

$$\dot{U}_{n1}=9.4+j4.2\approx10.3\angle24.08°(\text{V}),$$

$$\dot{U}_{n2}=8.4+j1.2\approx8.5\angle8.13°(\text{V})$$

【例6-8】　如图6-19（a）所示电路相量模型，应用叠加定理，求电流相量$\dot{I}_1$、$\dot{I}_2$。

解　当电压源单独作用（电流源置零，开路处理）时，分电路图如图6-19（b）所示。有

$$\dot{I}_1'=\dot{I}_2'=\frac{10}{-j5+j10}=-j2(\text{A})$$

当电流源单独作用（电压源置零，短路处理）时，分电路图如图6-19（c）所示。有

$$\dot{I}_1''=-\frac{j10}{-j5+j10}\times j2=-j4(\text{A})$$

$$\dot{I}_2''=\frac{-j5}{-j5+j10}\times j2=j2+\dot{I}_1''=-j2(\text{A})$$

当两个独立源共同作用时，应用叠加定理，有

$$\dot{I}_1=\dot{I}_1'+\dot{I}_1''=-j2-j4=-j6=6\angle-90°(\text{A})$$

$$\dot{I}_2=\dot{I}_2'+\dot{I}_2''=-j2-j2=-j4=4\angle-90°(\text{A})$$

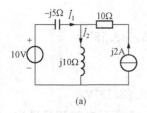　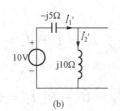　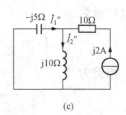

（a）　　　　　　　　　　（b）　　　　　　　　　　（c）

图6-19　例6-8图

【例6-9】　如图6-20（a）所示电路相量模型，应用戴维南定理，求电压相量$\dot{U}_L$。

解　第一步，将a、b处待求支路断开，对含源网络应用电源模型等效变换。

第二步，对含源网络应用戴维南定理。

（1）求开路电压相量$\dot{U}_{OC}$，如图6-20（b）所示。开路状态下，电路电流为0。因此

$$\dot{U}_1=j20\text{V}$$

$$\dot{U}_{OC}=-j\dot{U}_1+\dot{U}_1=20\sqrt{2}\angle45°(\text{V})$$

（2）求等效阻抗Z_{eq}，可以使用两种方法。

①开路电压、短路电流法，如图 6 - 20（c）所示。

$$\dot{U}_1 = \text{j}20 - 10\,\dot{I}_{\text{SC}}$$

$$\text{j}20 - \text{j}\dot{U}_1 = (10 - \text{j}5)\dot{I}_{\text{SC}}$$

联立方程，解得

$$\dot{I}_{\text{SC}} = 1.57\angle101.31°\text{A}$$

则

$$Z_{\text{eq}} = \frac{\dot{U}_{\text{OC}}}{\dot{I}_{\text{SC}}} = 18.03\angle56.31°\Omega$$

②加压求流法，如图 6 - 20（d）所示。

$$\dot{U}_1 = 10\,\dot{I}$$

$$\dot{U} = -\text{j}5\,\dot{I} - \text{j}\dot{U}_1 + \dot{U}_1$$

联立方程，解得

$$Z_{\text{eq}} = \frac{\dot{U}}{\dot{I}} = 18.03\angle56.31°\Omega$$

（3）画出戴维南等效电路，如图 6 - 20（e）所示。

第三步，加入待求支路，画出等效电路，如图 6 - 20（f）所示。则电压相量为

$$\dot{U}_{\text{L}} = \frac{\text{j}10}{Z_{\text{eq}} + \text{j}10}\dot{U}_{\text{OC}} = 25.3\angle161.57°\text{V}$$

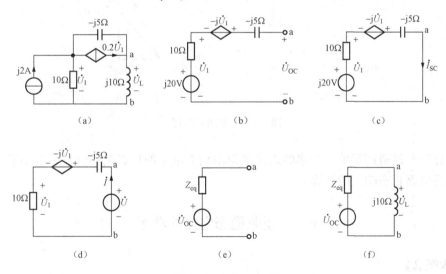

图 6 - 20　例 6 - 9 图

　　求解正弦稳态电路时，有时通过电流、电压的相量图求得未知相量。借助于相量图分析正弦稳态电路的方法称为相量图辅助分析法。该方法适用于串联、并联和混联正弦稳态电路的分析，分析步骤如下：

（1）画出电路的相量模型。

（2）选择参考相量，令其初相为 0。通常，串联电路一般选择电流相量作为参考相量，

并联电路一般选择电压相量作为参考相量，混联电路一般按离激励最远处元件的联结方式选择参考相量。

（3）从参考相量出发，利用 KCL、KVL 及元件 VCR 确定有关电流、电压间的相量关系，定性画出相量图。

（4）利用相量图表示的几何关系，求得所需的电流、电压相量。

【例 6 - 10】　如图 6 - 21（a）所示电路，已知电压有效值 $U_{AC}=50V$，$U_{AD}=78V$。求 U_{CD} 的值。

解　设参考相量 $\dot{I}=I\angle0°A$，则 $\dot{U}_{AB}=30\dot{I}$，$\dot{U}_{BC}=j40\dot{I}$，$\dot{U}_{CD}=jX_L\dot{I}$。定性画出电压相量图，如图 6 - 21（b）所示。则

$$U_{AC}=\sqrt{U_{AB}^2+U_{BC}^2}=\sqrt{(30I)^2+(40I)^2}=50V$$

得

$$I=1A,\quad U_{AB}=30V,\quad U_{BC}=40V$$

又

$$U_{AD}=\sqrt{U_{AB}^2+(U_{BC}+U_{CD})^2}=\sqrt{30^2+(40+U_{CD})^2}=78V$$

解得

$$U_{CD}=32V$$

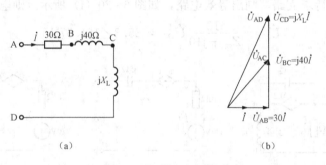

图 6 - 21　例 6 - 10 图

相量分析法仅适用于单一频率的正弦电源激励下电路的稳态响应分析，而不能用于正弦电源接入后电路暂态响应的计算。

6.3　正弦稳态电路的功率

【基本概念】

瞬时功率：电路在瞬时吸收的功率，称为瞬时功率，用小写字母 p 表示，其大小等于瞬时电压与瞬时电流（关联参考方向下）的乘积，即 $p=ui$。

额定功率：用电器正常工作时的功率。它的值为用电器的额定电压乘以额定电流。若用电器的实际功率大于额定功率，则用电器可能会损坏；若实际功率小于额定功率，则用电器无法正常运行。

【引入】

现在家用电能表都是有功电能表，如图 6 - 22 所示，它记录的是电器消耗的有功电能，

无功电能是不记录的（记录无功电能的是无功电能表）。对普通灯泡、电炉等电热丝加热元件消耗的只有有功电能，而一些有电感的或有电容的负载上（如电机、电视机、空调、荧光灯等），除了有功电能的消耗外，还有相对较少的无功电能的消耗。电能表上的 1 度电表示耗电量为 $1kW\cdot h$ 时。例如，$1000W\times 1h=1kW\cdot h=1$ 度。依据电能与电功率的关系，有功电能、无功电能分别对应有功功率和无功功率。

图 6-22　家用电能表

6.3.1　瞬时功率

正弦稳态电路中，无源一端口 N_0 如图 6-23（a）所示，设其端口电压和电流为关联参考方向，且

$$u(t) = \sqrt{2}U\cos(\omega t)$$

$$i(t) = \sqrt{2}I\cos(\omega t - \varphi)$$

式中，φ 是电压 u 与电流 i 的相位差，也等于无源一端口 N_0 的等效阻抗的阻抗角，设 $|\varphi| \leqslant \pi/2$。

在任一瞬间，一端口 N_0 吸收的瞬时功率为

$$p(t) = u(t)i(t) = \sqrt{2}U\cos(\omega t)\sqrt{2}I\cos(\omega t - \varphi)$$

$$= UI\cos\varphi + UI\cos(2\omega t - \varphi) \tag{6-11}$$

可见，瞬时功率由恒定分量 $UI\cos\varphi$ 和正弦分量 $UI\cos(2\omega t-\varphi)$ 两部分构成，正弦分量频率为电压和电流频率的两倍。正弦稳态电流的电压 u、电流 i 和瞬时功率 p 的波形如图 6-23（b）所示。由图可看出，由于电压、电流的不同相，瞬时功率 p 时正时负，当 $p>0$ 时，N_0 从外电路吸收能量；当 $p<0$ 时，N_0 向外电路输出能量。因此，N_0 与外电路之间有能量的往返传递现象，这是由于 N_0 中存在储能元件。但是，一个周期中 $p>0$ 的部分大于 $p<0$ 的部分，这是由于 N_0 中还存在电阻元件，总体上 N_0 是耗能的。

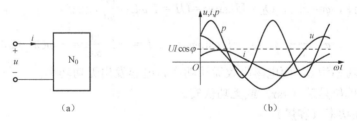

（a）　　　　　　　　　　　　（b）

图 6-23　无源一端口 N_0 及其 u、i、p 波形图

瞬时功率还可以写为

$$p(t) = UI\cos\varphi(1+\cos2\omega t) + UI\sin\varphi\sin2\omega t \tag{6-12}$$

因为 $|\varphi| \leqslant \pi/2$，所以式（6-12）中 $p(t)$ 的第一项 $UI\cos\varphi(1+\cos2\omega t)$ 大于或等于 0，表示 N_0 吸收功率；而 $p(t)$ 的第二项 $UI\sin\varphi\sin2\omega t$ 的最大值为 $UI\sin\varphi$，角频率为 2ω 的正弦量，其在一个周期内正负交替变化两次，表明 N_0 内部与外部之间周期性地交换能量。

6.3.2　平均功率（有功功率）

瞬时功率是时间的正弦函数，使用不便，实用意义不大，通常所说的正弦电路的功率指

的是平均功率。平均功率又称为有功功率，是瞬时功率在电压（或电流）一个周期 T 内的平均值，用大写字母 P 表示。即

$$P = \frac{1}{T}\int_0^T p(t)\mathrm{d}t = \frac{1}{T}\int_0^T [UI\cos\varphi + UI\cos(2\omega t - \varphi)]\mathrm{d}t = UI\cos\varphi \qquad (6\text{-}13)$$

平均功率代表无源一端口 N_0 实际消耗的功率，它是式（6-11）中的恒定分量，其大小不仅与电压、电流的有效值 U、I 的乘积有关，而且与电压、电流的相位差（阻抗角）φ 的余弦 $\cos\varphi$ 有关。$\cos\varphi$ 称为功率因数，用 λ 表示，即 $\lambda = \cos\varphi$。φ 又称为功率因数角。当 $|\varphi| \leqslant \pi/2$ 时，$0 \leqslant \lambda \leqslant 1$。

无源一端口 N_0 内部是单一元件时：

(1) 电阻元件，$\varphi = 0$，$\lambda = \cos\varphi = 1$，$P_R = UI\cos\varphi = UI = I^2 R = \dfrac{U^2}{R} \geqslant 0$；

(2) 电感元件，$\varphi = \pi/2$，$\lambda = \cos\varphi = 0$，$P_L = UI\cos\varphi = 0$；

(3) 电容元件，$\varphi = -\pi/2$，$\lambda = \cos\varphi = 0$，$P_C = UI\cos\varphi = 0$。

说明电阻吸收平均功率，是耗能元件；而电感、电容的平均功率为 0，它们不消耗能量，但与外界有能量交换。

平均功率的单位是瓦（W）。

6.3.3　无功功率

工程中还引入无功功率，用大写字母 Q 表示，即

$$Q = UI\sin\varphi \qquad (6\text{-}14)$$

式（6-14）是式（6-12）中 $p(t)$ 的第二项 $UI\sin\varphi\sin(2\omega t)$ 的最大值，反映了无源一端口 N_0 内部与外部交换能量的最大速率。$Q > 0$ 表示网络吸收无功功率，$Q < 0$ 表示网络发出无功功率，Q 的大小反映网络与外界交换能量的速率，是由储能元件的性质决定的。无功功率 Q 只是一个计算量，并不表示做功的情况。

无源一端口 N_0 内部是单一元件时：

(1) 电阻元件，$\varphi = 0$，$Q_R = UI\sin\varphi = 0$；

(2) 电感元件，$\varphi = \pi/2$，$Q_L = UI\sin\varphi = UI = I^2\omega L = \dfrac{U^2}{\omega L} \geqslant 0$；

(3) 电容元件，$\varphi = -\pi/2$，$Q_C = UI\sin\varphi = -UI = -I^2\dfrac{1}{\omega C} = -\omega C U^2 \leqslant 0$。

表明电阻的无功功率为 0，而电感吸收无功功率，电容发出无功功率。

无功功率的单位是乏（var）或无功伏安。

6.3.4　视在功率（容量）

由于变压器等电力设备的容量由它们的额定电压、额定电流（均指有效值）的乘积决定的，为此引入视在功率的概念，用大写字母 S 来表示，即

$$S = UI \qquad (6\text{-}15)$$

视在功率的单位是伏安（V·A）。

显然，有

$$P = UI\cos\varphi = S\cos\varphi$$

将有功功率与视在功率的比值称为功率因数，这是功率因数的另一种定义方法，即

$$\lambda = \cos\varphi = \frac{P}{S} \qquad (6\text{-}16)$$

功率因数是衡量传输电能效果的一个非常重要的指标，表示传输系统有功功率所占的比例。

有功功率 P、无功功率 Q、视在功率 S 之间存在类似于阻抗三角形的关系，称为功率三角形，如图 6-24 所示，其中

$$P = S\cos\varphi, \quad Q = S\sin\varphi, \quad S = \sqrt{P^2 + Q^2}, \quad \varphi = \arctan\frac{Q}{P}$$

图 6-25 所示为一个任意阻抗 Z，$Z = R + \mathrm{j}X = |Z| \angle \varphi$，吸收功率情况如下：

(1) $P_Z = UI\cos\varphi = I^2|Z|\cos\varphi = I^2 R$；

(2) $Q_Z = UI\sin\varphi = I^2|Z|\sin\varphi = I^2 X$。

1) $X > 0$，$\varphi > 0$，电路呈现感性，$Q_L = I^2\omega L > 0$，吸收无功功率为正；

图 6-24　功率三角形　　　　　图 6-25　任意阻抗

2) $X < 0$，$\varphi < 0$，电路呈现容性，$Q_C = -I^2\dfrac{1}{\omega C} < 0$，吸收无功功率为负，实际发出无功功率。

(3) $S_Z = UI = \sqrt{P_Z^2 + Q_Z^2} = I^2\sqrt{R^2 + X^2} = I^2|Z|$。

【例 6-11】　实验室常应用三表法（电压表、电流表、功率表）测量电感线圈的参数 R、L，实验电路如图 6-26 所示。功率表读数表示线圈吸收的有功功率。已知 $f = 50\mathrm{Hz}$，三表所测数据分别为 $U = 50\mathrm{V}$，$I = 1\mathrm{A}$，$P = 30\mathrm{W}$。试求 R 和 L。

解　$\omega = 2\pi f = 314\mathrm{rad/s}$。

方法一：由

$$P = I^2 R$$

得

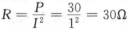

图 6-26　例 6-11 电路

$$R = \frac{P}{I^2} = \frac{30}{1^2} = 30\Omega$$

由

$$S = \sqrt{P^2 + Q_L^2} = UI = 50 \times 1 = 50\mathrm{V \cdot A}$$
$$Q_L = I^2\omega L$$

解得

$$Q_L = \sqrt{S^2 - P^2} = \sqrt{50^2 - 30^2} = 40\mathrm{var}$$
$$L = \frac{Q_L}{I^2\omega} = \frac{40}{1^2 \times 314} \approx 0.127\mathrm{H}$$

方法二：由

$$P = I^2 R$$

得

$$R = \frac{P}{I^2} = \frac{30}{1^2} = 30\Omega$$

由

$$|Z| = \sqrt{R^2 + (\omega L)^2} = \frac{U}{I} = \frac{50}{1} = 50\Omega$$

解得

$$L = \frac{1}{\omega}\sqrt{|Z|^2 - R^2} = \frac{1}{314}\sqrt{50^2 - 30^2} \approx 0.127\text{H}$$

方法三：由

$$P = UI\cos\varphi$$

得

$$\cos\varphi = \frac{P}{UI} = \frac{30}{50 \times 1} = 0.6$$

$$\varphi = \arccos 0.6 = 53.13°（电路性质为感性）$$

由

$$Z = R + j\omega L = |Z|\cos\varphi + j|Z|\sin\varphi = \frac{U}{I}\angle\varphi$$

得

$$|Z| = \frac{U}{I} = \frac{50}{1} = 50\Omega$$

$$R = |Z|\cos\varphi = 50\cos 53.13° = 30\Omega$$

$$L = \frac{|Z|\sin\varphi}{\omega} = \frac{50 \times \sin 53.13°}{314} \approx 0.127\text{H}$$

6.3.5　功率因数的提高

提高电路功率因数的目的，一是充分利用设备的容量。由 $P = S\cos\varphi$ 可知，当容量一定时，功率因数越高，电路可用的平均功率越高。二是在电压和平均功率不变的情况下，减少线损。由 $I = \frac{P}{U\cos\varphi}$，$P_{线损} = I^2 R_{线}$ 可知，功率因数越高，线损越小。

提高电路功率因数的方法主要有高压传输、改进自身设备、在感性负载两端并联电容，或者在容性负载的两端并联电感。在这里仅介绍并联电容提高感性电路功率因数的方法。

如图 6-27（a）所示电路，感性负载并联接在电压源上，为了提高电路的功率因数，在

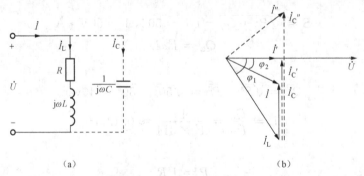

（a）　　　　　　　　　　　（b）

图 6-27　功率因数提高

感性负载的两端并联了适当容量的电容，如图中虚线所示。定性画出电路的相量图，如图 6-27（b）所示。图中 $|\varphi_2|<|\varphi_1|$，$\cos\varphi_2 > \cos\varphi_1$。

并联电容后，原感性负载的电压和电流不变，吸收的有功功率、无功功率不变，即感性负载的工作状态不变，但是整个电路的功率因数提高了。

并联电容后，电源向负载输送的有功功率不变，但是电源向负载输送的无功功率减少，减少的这部分无功功率由电容的"产生"来补偿，使感性负载吸收的无功功率不变，电路对电源容量的要求降低，而功率因数得到提高。

电容电流 $I_C = U\omega C$，随着电容 C 增大，则 I_C 增大。电容的补偿按照 C 值不同，分为以下几种：

（1）欠补偿。图 6-27（b）所示电流相量 $\dot{I}_C$、$\dot{I}$，阻抗角 $|\varphi_2|$ 比感性负载阻抗角 $|\varphi_1|$ 减小，电路仍然呈现感性。

（2）全补偿（一般不要求）。图 6-27（b）所示电流相量 $\dot{I}_C'$、$\dot{I}'$ 部分，此时 $\varphi_2 = 0$，功率因数 $\cos\varphi_2 = 1$ 达到最高，总电流 I 最小，电路呈现纯阻性。电容设备投资增加，经济效果不明显。

（3）过补偿（不采用）。图 6-27（b）所示电流相量 $\dot{I}_C''$、$\dot{I}''$ 部分，此时电路电流超前于电压，电路呈现容性，功率因数由高变低。

由图 6-27（b）所示相量图可知

$$I_C = I_L \sin|\varphi_1| - I \sin|\varphi_2|$$
$$= \frac{P}{U\cos\varphi_1}\sin|\varphi_1| - \frac{P}{U\cos\varphi_2}\sin|\varphi_2| = \frac{P}{U}(\tan|\varphi_1| - \tan|\varphi_2|)$$

又

$$I_C = U\omega C$$

所以

$$C = \frac{P}{\omega U^2}(\tan|\varphi_1| - \tan|\varphi_2|)$$

【例 6-12】　如图 6-28 所示电路，已知电源 $U = 220\mathrm{V}$，$f = 50\mathrm{Hz}$，电动机 $P_D = 1000\mathrm{W}$，$\cos\varphi_D = 0.8$，电容 $C = 10\mu\mathrm{F}$。

（1）求负载电路的功率因数；

（2）若需将功率因数提高到 0.9，试问还要并联多大的电容？此时电路总电流多大？

解　$\omega = 2\pi f = 314\mathrm{rad/s}$。

（1）设参考相量 $\dot{U} = 220\angle 0° \mathrm{V}$，则

$$\dot{I}_C = \dot{U} \cdot \mathrm{j}\omega C = 220\angle 0° \times \mathrm{j}314 \times 10 \times 10^{-6} \approx \mathrm{j}0.69\mathrm{A}$$

由 $\cos\varphi_D = 0.8$（感性），得

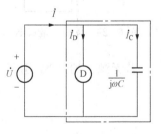

图 6-28　例 6-12 电路

$$\varphi_D = 36.87°$$

由 $P_D = UI_D\cos\varphi_D$，得

$$I_D = \frac{P_D}{U\cos\varphi_D} = \frac{1000}{220 \times 0.8} \approx 5.68\mathrm{A}$$

$$\dot{I}_D = 5.68\angle -36.87°A$$

由 KCL，有

$$\dot{I} = \dot{I}_D + \dot{I}_C = 5.29\angle -30.89°A$$

负载电路的功率因数为

$$\cos\varphi = \cos[0° - (-30.89°)] = 0.86$$

（2）功率因数由 0.86 提高到 0.9，则由

$$\cos\varphi_1 = 0.86, \quad \cos\varphi_2 = 0.9$$

得

$$|\varphi_1| = 30.89°, \quad |\varphi_2| = 25.84°$$

所以

$$C = \frac{P}{\omega U^2}(\tan|\varphi_1| - \tan|\varphi_2|) = \frac{1000}{314 \times 220^2}(\tan30.89° - \tan25.84°) \approx 7.5\mu F$$

$$I = \frac{P}{U\cos\varphi_2} = \frac{1000}{220 \times 0.9} \approx 5.05A$$

功率因数提高后，线路总电流减小，但若继续提高功率因数，所需电容很大，成本增加，总电流减小却不明显，因此，一般将功率因数提高到 0.9 即可。

6.3.6　复功率

在应用相量法对正弦稳态电路进行分析和计算时，为了能直接使用电压相量和电流相量，引入复功率这一概念。复功率适用于单个电路元件或任何一端口电路，用 $\bar{S}$ 表示，即

$$\bar{S} = \dot{U}\dot{I}^* \tag{6-17}$$

式中，$\dot{I}^*$ 是 $\dot{I}$ 的共轭复数。复功率是一个辅助计算功率的复数，不对应相量或正弦量。复功率的单位是伏安（V·A）。

如图 6-29 所示无源一端口 N_0，设电压相量为 $\dot{U} = U\angle\varphi_u$，电流相量 $\dot{I} = I\angle\varphi_i$，则 N_0

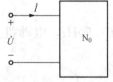

图 6-29　无源一端口 N_0

吸收复功率为

$$\bar{S} = \dot{U}\dot{I}^* = UI\angle(\varphi_u - \varphi_i) = S\angle\varphi$$
$$= UI\cos\varphi + jUI\sin\varphi = P + jQ$$

复功率 $\bar{S}$ 对有功功率 P、无功功率 Q、视在功率 S 及功率因数 $\cos\varphi$ 进行了表述。$\bar{S}$ 的实部是 P，虚部是 Q，模是 S，辐角是功率因数角（也是阻抗角）φ。

若无源一端口 N_0 用等效阻抗 Z 或等效导纳 Y 替代，则复功率 $\bar{S}$ 又可以表示为

$$\bar{S} = \dot{U}\dot{I}^* = (\dot{I}Z)\dot{I}^* = I^2 Z$$

$$\bar{S} = \dot{U}\dot{I}^* = \dot{U}(\dot{U}Y)^* = U^2 Y^*$$

式中，Y^* 是 Y 的共轭复数。

复功率满足功率守恒定理：正弦稳态情况下，任一电路的所有支路吸收的复功率之和为 0，即

$$\sum\bar{S} = 0, \quad \sum P = 0, \quad \sum Q = 0$$

注意：视在功率 S 不守恒。

【例 6 - 13】　如图 6 - 30 所示电路，已知 $\dot{I}_S = 10\angle90°\text{A}$，$Z_1 = -\text{j}10\Omega$，$Z_2 = 5\Omega$，$Z_3 = 10+\text{j}20\Omega$。求各支路的复功率。

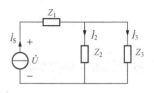

图 6 - 30　例 6 - 13 电路

解　电路等效阻抗为

$$Z_{eq} = Z_1 + \frac{Z_2 Z_3}{Z_2 + Z_3} = -\text{j}10 + \frac{5(10+\text{j}20)}{5+(10+\text{j}20)}$$

$$= 4.4 - \text{j}9.2 \approx 10.2\angle-64.44°\Omega$$

电流源端电压相量为

$$\dot{U} = \dot{I}_S Z_{eq} = 10\angle90° \times 10.2\angle-64.44° = 102\angle25.56°\text{V}$$

电流源发出复功率为

$$\bar{S}_S = \dot{U}\dot{I}_S^* = I_S^2 Z_{eq} = 1020\angle-64.44° \approx (440-\text{j}920)\text{V}\cdot\text{A}$$

Z_1 吸收复功率为

$$\bar{S}_1 = I_S^2 Z_1 = 10^2(-\text{j}10) = -\text{j}1000\text{V}\cdot\text{A}$$

Z_2 和 Z_3 的电流相量为

$$\dot{I}_2 = \frac{Z_3}{Z_2+Z_3}\dot{I}_S = \frac{10+\text{j}20}{5+10+\text{j}20}\times10\angle90° = -1.6+\text{j}8.8 \approx 4\sqrt{5}\angle100.3°\text{A}$$

$$\dot{I}_3 = \frac{Z_2}{Z_2+Z_3}\dot{I}_S = \dot{I}_S - \dot{I}_2 = \frac{\dot{I}_2 Z_2}{Z_3} = 1.6+\text{j}1.2 \approx 2\angle36.87°\text{A}$$

Z_2 和 Z_3 吸收的复功率为

$$\bar{S}_2 = I_2^2 Z_2 = (4\sqrt{5})^2 \times 5 = 400\text{V}\cdot\text{A}$$

$$\bar{S}_3 = I_3^2 Z_3 = 2^2 \times (10+\text{j}20) = (40+\text{j}80)\text{V}\cdot\text{A}$$

可以验证复功率守恒：$\bar{S}_S = \bar{S}_1 + \bar{S}_2 + \bar{S}_3$。

6.4　正弦稳态电路的最大功率传输

【基本概念】

最大功率传输定理（直流电路）：含源线性电阻单口网络（等效电阻 $R_{eq} > 0$）向可变电阻负载 R_L 传输最大功率的条件是负载电阻 R_L 与单口网络的等效电阻 R_{eq} 相等。当满足条件 $R_L = R_{eq}$ 时，称为最大功率匹配，此时负载电阻 R_L 获得的最大功率为 $P_{max} = \dfrac{U_{OC}^2}{4R_{eq}}$。

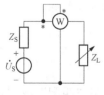

图 6 - 31　最大功率

【引入】

在实际电路的分析和设计中，有时需要分析如何使负载获得最大功率，即最大功率传输问题，而正弦稳态电路的最大功率传输问题要比直流电路的最大功率传输问题复杂。如图 6 - 31 所示，已知正弦电压源 $\dot{U}_S$ 及其内阻抗 Z_S，负载 Z_L 为何值时可获得最大功率？功率表的最大读数即最大功率是多少？

含源一端口 N_S 连接负载，电路如图 6 - 32（a）所示。根据戴维南定理，含源一端口 N_S 的等效电路如图 6 - 32（b）所示。图中，$\dot{U}_{OC}$ 是 N_S 的开路电压相量，$\dot{U}_{OC} = U_{OC}\angle\varphi_{u_{OC}}$；$Z_{eq}$ 为 N_S 的等效阻抗，$Z_{eq} = R_{eq}+\text{j}X_{eq}$；$Z_L$ 是可调负载的阻抗，$Z_L = R_L+\text{j}X_L$。

根据图 6-32（b）所示等效电路，电流相量及其模值（有效值）为

$$\dot{I} = \frac{\dot{U}_{OC}}{Z_{eq} + Z_L} = \frac{U_{OC}\angle\varphi_{u_{OC}}}{(R_{eq} + R_L) + j(X_{eq} + X_L)}$$

$$I = \frac{U_{OC}}{\sqrt{(R_{eq} + R_L)^2 + (X_{eq} + X_L)^2}}$$

负载吸收的有功功率有

$$P_L = I^2 R_L = \frac{U_{OC}^2 R_L}{(R_{eq} + R_L)^2 + (X_{eq} + X_L)^2}$$

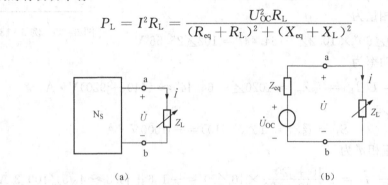

(a)　　　　　　　　　　　　　(b)

图 6-32　最大功率传输

　　一般来讲，U_{OC}、R_{eq}、X_{eq}是不变的，负载获得最大功率的具体情况取决于负载的阻抗 Z_L。负载阻抗 Z_L 常见的变化情况可分为两种：一种是负载阻抗的电阻 R_L、电抗 X_L 均可以独立变化；另一种情况是负载阻抗的电阻 R_L、电抗 X_L 以相同的比例增大或减小，实际上是阻抗角 φ_{ZL} 固定，而阻抗模值 $|Z_L|$ 变化。

　　（1）$Z_L = R_L + jX_L$，R_L、X_L 均可独立变化。先设 R_L 不变，调节 X_L。显然，当 $X_{eq} + X_L = 0$，即

$$X_L = -X_{eq}$$

时，负载获得功率最大，此时

$$P_L = \frac{U_{OC}^2 R_L}{(R_{eq} + R_L)^2}$$

　　在 $X_L = -X_{eq}$ 条件下，再调节 R_L。令 $dP_L/dR_L = 0$，可求得最大功率 P_{Lmax}。此时

$$R_L = R_{eq}$$

综上，负载能获得最大功率的条件是

$$\left.\begin{array}{l} X_L = -X_{eq} \\ R_L = R_{eq} \end{array}\right\}$$

即

$$Z_L = R_{eq} - jX_{eq} = Z_{eq}^*$$

即负载阻抗等于含源网络 N_S 的戴维南等效阻抗的共轭复数（称为最大功率"匹配"或"最佳匹配"、"共轭匹配"）时，负载阻抗将获得最大功率，此最大功率为

$$P_{Lmax} = \frac{U_{OC}^2}{4R_{eq}}$$

　　若应用诺顿定理得到等效电路，最佳匹配条件及 Z_L 获得的最大功率可表示为

$$Y_L = Y_{eq}^*$$

$$P_{\text{Lmax}} = \frac{I_{\text{SC}}^2}{4G_{\text{eq}}}$$

（2）负载阻抗的阻抗角 φ_{ZL} 固定，而模值 $|Z_L|$ 变化。设等效阻抗和负载阻抗为

$$Z_{\text{eq}} = R_{\text{eq}} + jX_{\text{eq}} = |Z_{\text{eq}}|\cos\varphi_{\text{eq}} + j|Z_{\text{eq}}|\sin\varphi_{\text{eq}}$$

$$Z_L = R_L + jX_L = |Z_L|\cos\varphi_{ZL} + j|Z_L|\sin\varphi_{ZL}$$

负载吸收的功率为

$$
\begin{aligned}
P_L' &= \frac{U_{\text{OC}}^2 R_L}{(R_{\text{eq}} + R_L)^2 + (X_{\text{eq}} + X_L)^2} \\
&= \frac{U_{\text{OC}}^2 |Z_L|\cos\varphi_{ZL}}{(|Z_{\text{eq}}|\cos\varphi_{\text{eq}} + |Z_L|\cos\varphi_{ZL})^2 + (|Z_{\text{eq}}|\sin\varphi_{\text{eq}} + |Z_L|\sin\varphi_{ZL})^2} \\
&= \frac{U_{\text{OC}}^2 |Z_L|\cos\varphi_{ZL}}{|Z_{\text{eq}}|^2 + |Z_L|^2 + 2(|Z_{\text{eq}}||Z_L|\cos\varphi_{\text{eq}}\cos\varphi_{ZL} + \sin\varphi_{\text{eq}}\sin\varphi_{ZL})} \\
&= \frac{U_{\text{OC}}^2 \cos\varphi_{ZL}}{\dfrac{|Z_{\text{eq}}|^2}{|Z_L|} + |Z_L| + 2|Z_{\text{eq}}|\cos(\varphi_{\text{eq}} - \varphi_{ZL})}
\end{aligned}
$$

如果 φ_{ZL} 保持不变，而调节 $|Z_L|$，当分母中前两项 $\left(\dfrac{|Z_{\text{eq}}|^2}{|Z_L|} + |Z_L|\right)$ 为最小时，P_L' 为最大。于是，由

$$\frac{\text{d}}{\text{d}|Z_L|}\left(\frac{|Z_{\text{eq}}|^2}{|Z_L|} + |Z_L|\right) = -\frac{|Z_{\text{eq}}|^2}{|Z_L|^2} + 1 = 0$$

得

$$|Z_L|^2 = |Z_{\text{eq}}|^2$$

即负载 Z_L 获得最大功率的条件为

$$|Z_L| = |Z_{\text{eq}}| = \sqrt{R_{\text{eq}}^2 + X_{\text{eq}}^2}$$

此时，负载获得最大功率，称此种匹配为"模匹配"。Z_L 获得的最大功率为

$$P_{\text{Lmax}}' = \frac{U_{\text{OC}}^2\cos\varphi_{ZL}}{2|Z_{\text{eq}}|[1 + \cos(\varphi_{\text{eq}} - \varphi_{ZL})]}$$

显然，如果负载是可变纯电阻 R_L，此时负载阻抗角 $\varphi_{ZL} = 0$，$|Z_L| = R_L$ 可变，那么负载获得最大功率的条件为

$$|Z_L| = R_L = |Z_{\text{eq}}| = \sqrt{R_{\text{eq}}^2 + X_{\text{eq}}^2}$$

负载获得的最大功率为

$$P_{\text{Lmax}}' = \frac{U_{\text{OC}}^2}{2(R_{\text{eq}} + |Z_{\text{eq}}|)}$$

与电阻电路的最大功率传输问题类似，负载获得最大功率时传输效率并不高，因此只有在小功率传输电路中，如在通信系统和某些电子电路中，才考虑最大功率传输问题。

【例 6 - 14】 如图 6 - 33（a）所示电路，已知 $\dot{I}_S = 10\angle 30° \text{A}$，$Z_1 = j10\,\Omega$，$Z_2 = -j5\,\Omega$，$Z_3 = 5\,\Omega$。在下列两种情况下，求负载阻抗 Z_L 为何值时可获得最大功率，并求出最大功率。

（1）负载阻抗 Z_L 由 R_L、X_L 串联组成，即 $Z_L = R_L + jX_L$；

（2）负载为纯电阻，即 $Z_L = R_L$。

解 首先，将负载以左部分看作含源一端口，应用戴维南定理，画出等效电路，如

图 6-33（b）所示。其中，开路电压相量 $\dot{U}_{OC}$、等效阻抗 Z_{eq} 分别为

$$\dot{U}_{OC} = \frac{Z_1 Z_2}{Z_1 + Z_2} \dot{I}_S = \frac{j10 \times (-j5)}{j10 + (-j5)} \times 10\angle 30° = 100\angle -60° \text{V}$$

$$Z_{eq} = Z_3 + \frac{Z_1 Z_2}{Z_1 + Z_2} = 5 + \frac{j10 \times (-j5)}{j10 + (-j5)} = 5 - j10 \approx 11.18\angle -63.43° \Omega$$

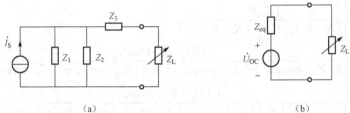 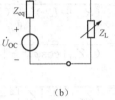

（a）　　　　　　　　　　　（b）

图 6-33　例 6-14 图

（1）$Z_L = R_L + jX_L$ 满足最佳匹配条件，即当 $Z_L = Z_{eq}^* = 5 + j10\Omega$ 时，负载可获得最大功率。此时

$$P_{Lmax} = \frac{U_{OC}^2}{4R_{eq}} = \frac{100^2}{4 \times 5} = 500\text{W}$$

（2）$Z_L = R_L$ 满足模匹配条件，即当 $Z_L = |Z_{eq}| = 11.18\Omega$ 时，负载可获得最大功率。此时

$$P_{Lmax} = \frac{U_{OC}^2}{2(R_{eq} + |Z_{eq}|)} = \frac{100^2}{2(5 + 11.18)} \approx 309.02\text{W}$$

6.5　串　联　谐　振

【基本概念】

共振：某物理系统在特定频率下，相比其他频率以更大的振幅做振动的情形。这些特定频率称为共振频率。共振在声学中也称为"共鸣"。在电学中，振荡电路的共振现象称为"谐振"。

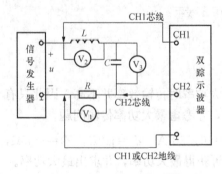

图 6-34　RLC 串联电路

【引入】

在图 6-34 所示 RLC 串联电路中，信号发生器充当电路的输入电压源，已知电源电压有效值 $U=1\text{V}$，频率 $f=1000\text{Hz}$，电阻 $R=4\Omega$，电容 $C=10\mu\text{F}$，设计电感 L 可调。用双踪示波器跟踪电源电压相位和电阻电压的相位（即电流的相位），用三个电压表分别测量电阻电压、电感电压、电容电压。当调节电感，使得 $L \approx 2.53\text{mH}$，此时电阻电压与电源电压有效值相等，电感电压、电容电压有效值相等，示波器上电阻电压波形与信号源电压波形基本重合，即 RLC 串联电路对

该输入电源发生了谐振。

6.5.1　谐振的定义

谐振是正弦电路在特定条件下产生的一种特殊物理现象。当电路发生谐振时，电路中某部分出现电压高于激励的电压（或电流），或者出现电压（或电流）为 0 的情况。一方面，这些情况有可能破坏系统的正常工作状态或者对设备造成损坏，因此电力电路要尽量避免出现谐振；而另一方面，由于其良好的选频特性，谐振在通信和电子技术中得到广泛应用。所以，研究谐振现象具有重要的实际意义。

通常的谐振电路由电感、电容和电阻组成。如图 6-35 所示电路，含有 R、L、C 的一端口电路，在特定条件下出现端口电压、电流同相位的现象时，称电路发生了谐振。谐振时有

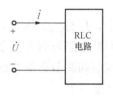

$$Z = \frac{\dot{U}}{\dot{I}} = R$$

电路呈现纯阻性，阻抗角 $\varphi_Z = 0$。

图 6-35　含 R、L、C 的一端口电路

按照电路的组成形式，谐振电路分为串联谐振电路、并联谐振电路和双调谐回路。本节和下节分别讨论串联谐振和并联谐振电路发生谐振的条件及谐振时的特点。

6.5.2　RLC 串联电路谐振的条件

图 6-36 所示 RLC 串联电路中，在可变频的正弦电压源激励下，由于感抗、容抗随频率变动，因此电路中的电压、电流响应也随频率变动。

电路的阻抗为

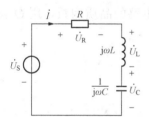

$$Z = R + j\omega L + \frac{1}{j\omega C} = R + j\left(\omega L - \frac{1}{\omega C}\right)$$

$$= R + j(X_L + X_C) = R + jX$$

根据谐振的定义，当 $\text{Im}[Z] = 0$，即

$$X = \omega L - \frac{1}{\omega C} = 0$$

图 6-36　RLC 串联电路

时，$Z_0 = R$，电流 $\dot{I}$ 与激励电压 $\dot{U}_S$ 同相位，电路发生串联谐振。此时的频率称为谐振频率，用 ω_0（或 f_0）表示，即

$$\omega_0 = \frac{1}{\sqrt{LC}}\left(\text{或 } f_0 = \frac{1}{2\pi\sqrt{LC}}\right)$$

ω_0（或 f_0）仅由电路中元件参数 L、C 决定。为了强调谐振特性，将有关变量附加"0"下标。

一个 RLC 串联电路，只对应一个谐振频率 ω_0。当激励的频率等于谐振频率，即 $\omega = \omega_0$ 时，感抗与容抗相互抵消，$X = 0$，$|Z_0| = R$，电路呈现纯阻性，发生串联谐振；当 $\omega < \omega_0$ 时，$X < 0$，电路呈现容性；当 $\omega > \omega_0$ 时，$X > 0$，电路呈现感性。阻抗随频率变化的频响曲线如图 6-37 所示。

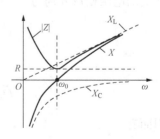

除了改变激励频率使电路发生谐振外，实际上经常通过改变电容 C 或电感 L 参数使电路对某个所需频率发生谐振，这种操作称为调谐。例如，常见的收音机选择电台就是一种调谐操

图 6-37　RLC 串联电路的 $|Z|-\omega$、$X-\omega$ 曲线

作；或者改变电容 C 或电感 L 参数使电路避开某个频率不发生谐振，这种操作称为失谐。

6.5.3　RLC串联电路谐振的特点

RLC 串联电路谐振的特点一般从五个方面讨论。

（1）电流特点：有效值达到最大，用 I_0 表示。RLC 串联电路发生谐振时，$X=0$，$Z_0 = R$，阻抗的模最小，$|Z_0| = R$，电流有效值最大，即

$$I_0 = \frac{U_{\mathrm{S}}}{|Z_0|} = \frac{U_{\mathrm{S}}}{R}$$

式中，I_0 称为极大值，也称为谐振峰，是 RLC 串联电路发生谐振时的突出标志，据此，可以判断电路是否发生了谐振。当 U_{S} 不变时，谐振峰仅与电阻 R 有关。所以，电阻 R 是唯一能控制和调节谐振峰的元件。图 6-38 所示为两个电阻参数不同时（$R_1 < R_2$）RLC 串联电路（L、C 不变）电流的 I-ω 特性曲线。

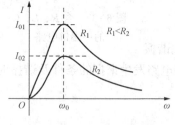

图 6-38　RLC 串联电路的
I-ω 特性曲线

（2）固有参数 ω_0、ρ、Q。RLC 串联电路发生谐振时，谐振角频率为 ω_0，单位为 rad/s，且 $\omega_0 = \dfrac{1}{\sqrt{LC}}$。

谐振时，$X = \omega_0 L - \dfrac{1}{\omega_0 C} = 0$，有

$$\omega_0 L = \frac{1}{\omega_0 C} = \sqrt{\frac{L}{C}} = \rho$$

式中，ρ 称为谐振电路的特性阻抗，单位欧姆（Ω）。

工程中，将谐振电路的特性阻抗 ρ 与电阻 R 的比值称为谐振电路的品质因数，用 Q 表示，即

$$Q = \frac{\rho}{R} = \frac{\omega_0 L}{R} = \frac{1}{\omega_0 CR} = \frac{1}{R}\sqrt{\frac{L}{C}}$$

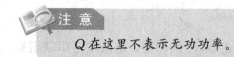

注 意

Q 在这里不表示无功功率。

一般称电路的元件值为一次参数，由元件值约束的参数习惯上称为二次参数。谐振反映了电路的固有性质，ω_0、ρ、Q 是谐振电路重要的二次参数，统称为固有参数。

（3）电压特点：LC 串联相当于短路，因此串联谐振又称为电压谐振。串联谐振时各元件上的电压相量分别为

$$\dot{U}_{\mathrm{R0}} = R\dot{I}_0 = \dot{U}_{\mathrm{S}}$$

$$\dot{U}_{\mathrm{L0}} = \mathrm{j}\omega_0 L\dot{I}_0 = \mathrm{j}\frac{\omega_0 L}{R}\dot{U}_{\mathrm{S}} = \mathrm{j}Q\dot{U}_{\mathrm{S}}$$

$$\dot{U}_{\mathrm{C0}} = \frac{1}{\mathrm{j}\omega_0 C}\dot{I}_0 = -\mathrm{j}\frac{1}{\omega_0 CR}\dot{U}_{\mathrm{S}} = -\mathrm{j}Q\dot{U}_{\mathrm{S}}$$

因而有

$$\dot{U}_{\mathrm{X0}} = \dot{U}_{\mathrm{L0}} + \dot{U}_{\mathrm{C0}} = 0$$

谐振时，激励电压全部施加在电阻两端，而电抗电压为 0，即 LC 串联部分相当于短路，

与激励间不进行能量交换，等效电路如图 6 - 39（a）所示。但电感、电容的电压均不为 0，两者反相，模（有效值）相等，且均为激励电压的 Q 倍。根据这一特点，串联谐振又称为电压谐振。RLC 串联谐振电路的电压、电流相量图如图 6 - 39（b）所示。

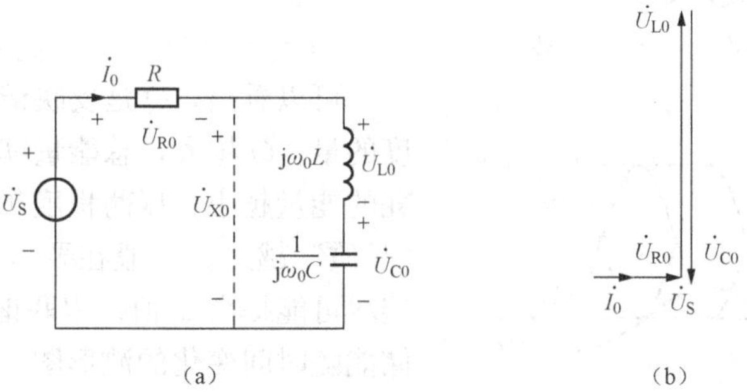

图 6 - 39　RLC 串联谐振时等效电路和电压、电流相量图（$Q>1$）

在电力工程中，一般应避免发生串联谐振，因为谐振时在电容或电感上可能出现比电源电压大得多的电压，可能会击穿电气设备的绝缘。在电信工程中则相反，由于某些信号源的电压十分微弱，常常利用串联谐振来获得一个较高的电压。在电信工程中，通常尽量提高谐振电路的品质因数。通信与无线电技术中的串联谐振电路中，一般 $R\ll\rho$，Q 值可达几十至几百。因此，谐振时电感或电容上的电压可达激励电压的几十至几百倍。

（4）功率和能量特点：有功功率最大，无功功率为 0，储能是常量。

谐振时，电源向电路输送电阻消耗的功率，由于电流有效值最大，因此电阻吸收的有功功率最大，即

$$P_0=U_S I_0\cos\varphi=U_S I_0=I_0^2 R=\frac{U_S^2}{R}$$

谐振时 $X=0$，电源不向电路输送无功功率，即

$$Q_0=U_S I_0\sin\varphi=I_0^2 X=I_0^2\omega_0 L-I_0^2\frac{1}{\omega_0 C}=Q_{L0}+Q_{C0}=0$$

上式表明，电感吸收的无功功率等于电容发出的无功功率，两者完全补偿，但各自不等于 0。

串联谐振时，电抗元件与激励间没有能量交换，只存在电容与电感间电磁能的相互交换。设谐振时电压源电压为

$$u_S=\sqrt{2}U_S\cos(\omega_0 t)$$

则电路中电流及电感储存磁场能

$$i_0=\frac{u_S}{R}=\frac{\sqrt{2}U_S\cos(\omega_0 t)}{R}=\sqrt{2}I_0\cos(\omega_0 t)$$

$$W_{L0}=\frac{1}{2}Li_0^2=LI_0^2\cos^2(\omega_0 t)$$

电容电压及储存电场能

$$u_{C0}=\frac{1}{C}\int i_0\,dt=\frac{\sqrt{2}I_0\sin(\omega_0 t)}{\omega_0 C}=\sqrt{2}U_{C0}\sin(\omega_0 t)$$

$$W_{C0} = \frac{1}{2}Cu_{C0}^2 = CU_{C0}^2 \sin^2(\omega_0 t) = C\left(\frac{I_0}{\omega_0 C}\right)^2 \sin^2(\omega_0 t) = LI_0^2 \sin^2(\omega_0 t)$$

可以看出，电感与电容储能的最大值相等，即 $W_{L0max} = W_{C0max} = LI_0^2 = CU_{C0}^2$。两元件储存的电磁能的和为常数，即

$$W_0 = W_{L0} + W_{C0} = LI_0^2 = CU_{C0}^2 = CQ^2 U_S^2 = 常数$$

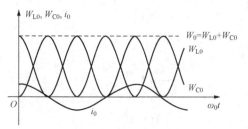

图 6-40　串联谐振回路的能量变化波形图

可以看出，Q 是反映谐振回路中电磁振荡程度的量，Q 越大，总能量就越大，维持振荡所消耗的能量越小，振荡程度越剧烈，则振荡电路的"品质"越好。一般在要求发生谐振的回路中希望尽可能提高 Q 值。串联谐振回路中电感、电容储能随时间变化的波形图，如图 6-40 所示。

谐振时，电路中只有电阻 R 消耗能量，一个周期内电阻消耗的能量为

$$W_{R0}(T) = P_0 T = I_0^2 RT = \frac{I_0^2 R}{f_0}$$

品质因数 Q 的另一种定义形式：在正弦稳态情况下，品质因数 Q 等于谐振电路储能的最大值与其在一个周期内所消耗能量之比的 2π 倍，即

$$Q = 2\pi \frac{储能的最大值}{一个周期内消耗的能量}$$

根据定义，有

$$Q = 2\pi \frac{LI_0^2}{I_0^2 RT} = \frac{2\pi f_0 L}{R} = \frac{\omega_0 L}{R} = \frac{1}{\omega_0 CR}$$

由此可见，谐振电路的 Q 值实质上描述了谐振时电路的储能和耗能的比值。

（5）频率特性：通频带和选择性。为了分析 RLC 串联电路的谐振性能，需要研究电路中的电流、电压、阻抗和阻抗角等各量随频率变化的情况，称为频率特性。表明电压、电流与频率变化关系的图形称为谐振曲线。

图 6-38 所示 RLC 串联电路的 I-ω 特性曲线，即电流的谐振曲线。从谐振曲线可以看出，电路只有在谐振频率 ω_0 附近时有较大幅值的电流通过，对偏离谐振点 ω_0 的输出有抑制能力。RLC 串联电路具有在全频域内选择谐振信号而抑制非谐振信号的性能，工程上称这一性能为"选择性"。

当电压源的电压 U_S 不变，而频率 ω 改变时，电流的频率特性为

$$I = \frac{U_S}{|Z|} = \frac{U_S}{\sqrt{R^2 + \left(\omega L - \frac{1}{\omega C}\right)^2}} = \frac{U_S}{\sqrt{R^2 + \left(\frac{\omega}{\omega_0}\omega_0 L - \frac{\omega_0}{\omega}\frac{1}{\omega_0 C}\right)^2}}$$

$$= \frac{U_S}{\sqrt{R^2 + \omega_0^2 L^2 \left(\frac{\omega}{\omega_0} - \frac{\omega_0}{\omega}\right)^2}} = \frac{U_S}{R\sqrt{1 + Q^2\left(\eta - \frac{1}{\eta}\right)^2}} = \frac{I_0}{\sqrt{1 + Q^2\left(\eta - \frac{1}{\eta}\right)^2}}$$

式中，$\eta = \omega/\omega_0$，是激励电压角频率 ω 与谐振角频率 ω_0 的比值。当 $\eta = 1$ 时，电路发生谐振。η 值的大小反映了 ω 偏离谐振角频率 ω_0 的程度。

变化上式，得到

$$\frac{I(\eta)}{I_0} = \frac{1}{\sqrt{1+Q^2\left(\eta-\frac{1}{\eta}\right)^2}}$$

将 $I(\eta)/I_0$ 称为相对抑制比，表明电路在 ω 偏离 ω_0 时对非谐振电流的抑制能力。相对抑制比与品质因数 Q 值有关。又知 Q 值与电阻 R 成反比，因此 R 越小，Q 值越大，相对抑制比越大，曲线越尖锐，η 稍微偏离 1 时，即 ω 稍微偏离 ω_0 时，相对抑制比会急剧下降，说明电路对非谐振电流有很强的抑制能力，电路的选择性好；反之，若 R 较大，Q 值很小，则在 ω_0 附近电流变化不大，电路的选择性就差。将不同 Q 值的谐振曲线统一画在一个坐标系中，就是串联谐振电路的通用曲线。串联谐振电路的通用曲线如图 6-41 所示。

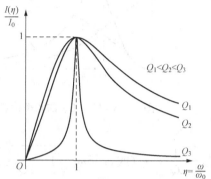

图 6-41　串联谐振电路的通用曲线

工程中为了定量地衡量选择性，通常将电流通过曲线上 $I(\eta)/I_0 = 1/\sqrt{2} \approx 0.707$，即 $I = 0.707 I_0$ 的点所对应的两个频率 ω_1、ω_2（或 f_1、f_2）之间的范围称为通频带，其宽度称为通频带的带宽，用 BW 表示，即

$$BW = \omega_2 - \omega_1 = \frac{\omega_0}{Q} = \frac{R}{L}(\text{rad/s}) \quad \text{或} \quad BW = f_2 - f_1 = \frac{f_0}{Q} = \frac{R}{2\pi L}(\text{Hz})$$

式中，ω_1（或 f_1）称为下限截止频率，ω_2（或 f_2）称为上限截止频率。通频带的选取方式如图 6-42 所示。

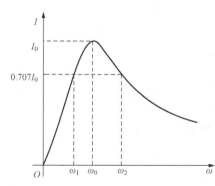

图 6-42　通频带的选取

通频带规定了谐振电路允许通过信号的频率范围，是比较和设计谐振电路的指标。通常 Q 值越大，通频带就越窄，选择性越强；Q 值越小，通频带就越宽，选择性越差。在通信和无线电技术中，往往从不同的角度评价通频带的宽度。当强调谐振电路的选择性时，希望通频带窄些（Q 值高些，电阻 R 小些）；当强调信号的通过能力时，希望通频带宽些，这样选择性就差些（Q 值低些，电阻 R 大些）。具体如何选择通频带，应根据实际情况综合考虑。

各元件电压分别为

$$U_R = RI = \frac{RI_0}{\sqrt{1+Q^2\left(\eta-\frac{1}{\eta}\right)^2}}$$

$$U_L = \omega LI = \frac{\omega L U_S}{\sqrt{R^2+\left(\omega L-\frac{1}{\omega C}\right)^2}} = \frac{QU_S}{\sqrt{\frac{1}{\eta^2}+Q^2\left(1-\frac{1}{\eta^2}\right)^2}}$$

$$U_C = \frac{1}{\omega C}I = \frac{U_S}{\omega C\sqrt{R^2+\left(\omega L-\frac{1}{\omega C}\right)^2}} = \frac{QU_S}{\sqrt{\frac{1}{\eta^2}+Q^2(\eta^2-1)^2}}$$

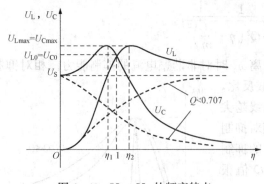

图 6-43　U_L、U_C 的频率特点

U_R 的频率特点类似于电流 I，最大值位于 ω_0 处；U_L、U_C 的频率特点如图 6-43 所示。当 $Q > 0.707$ 时，谐振曲线会出现峰值。U_L 和 U_C 的峰值（最大值）相等，$U_{Lmax} = U_{Cmax} = \dfrac{QU_S}{\sqrt{1 - \dfrac{1}{4Q^2}}}$，分别发生在 η_2（或 ω_2）和 η_1（或 ω_1）处，$\eta_2 = \sqrt{\dfrac{2Q^2}{2Q^2-1}} > 1$（或 $\omega_2 = \omega_0 \sqrt{\dfrac{2Q^2}{2Q^2-1}} > \omega_0$），$\eta_1 = \sqrt{1 - \dfrac{1}{2Q^2}} < 1$（或 $\omega_1 = \omega_0 \sqrt{1 - \dfrac{1}{2Q^2}} < \omega_0$）。当 Q 值很大时，两峰值频率接近。

【例 6-15】　如图 6-44 所示 RLC 串联电路，已知端电压 $u(t) = 10\sqrt{2}\cos(314t)\text{V}$，端口电流 $i(t) = 2\sqrt{2}\cos 314t\,\text{A}$，交流电压表读数为 500V。求 R、L、C、Q、BW。

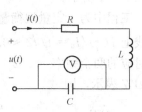

图 6-44　例 6-15 电路

解　对于无源一端口而言，电压、电流同相，判断电路发生串联谐振，且 $\omega_0 = 314\text{rad/s}$，$I_0 = 2\text{A}$，$U_{C0} = 500\text{V}$。此题求解全部利用串联谐振的特点。

由 $U_R = RI_0 = U$，得

$$R = \frac{U}{I_0} = \frac{10}{2} = 5(\Omega)$$

由 $U_{C0} = QU$，得

$$Q = \frac{U_{C0}}{U} = \frac{500}{10} = 50$$

由 $Q = \dfrac{\omega_0 L}{R}$，得

$$L = \frac{QR}{\omega_0} = \frac{50 \times 5}{314} \approx 0.796(\text{H})$$

求电容 C 有三种方法：

（1）由 $Q = \dfrac{1}{\omega_0 CR}$，得

$$C = \frac{1}{\omega_0 QR} = \frac{I_0}{U_{C0}\omega_0} = \frac{1}{\omega_0^2 L} = 12.7\mu\text{F}$$

（2）由 $U_{C0} = I_0 \dfrac{1}{\omega_0 C}$，得

$$C = \frac{I_0}{U_{C0}\omega_0} = 12.7\mu\text{F}$$

（3）由 $\omega_0 = \dfrac{1}{\sqrt{LC}}$，得

$$C = \frac{1}{\omega_0^2 L} = 12.7\mu\text{F}$$

带宽为

$$BW = \frac{\omega_0}{Q} = 6.28\text{rad/s} \quad \text{或} \quad BW = \frac{R}{L} = 6.28\text{rad/s}$$

【例 6 - 16】 RLC 串联接于电压源 $u(t) = 10\sqrt{2}\cos(2500t + 10°)\text{V}$ 上，当 $C = 8\mu\text{F}$ 时电路吸收的有功功率最大，且 $P_{\max} = 100\text{W}$。求 R、L 和电路的品质因数 Q。

解 由串联谐振的功率特点可知：串联谐振时有功功率最大，可判断电路发生串联谐振，且 $\omega_0 = 2500\text{rad/s}$，$P_0 = P_{\max} = 100\text{W}$。

由 $\omega_0 = \dfrac{1}{\sqrt{LC}}$，得

$$L = \frac{1}{\omega_0^2 C} = \frac{1}{2500^2 \times 8 \times 10^{-6}} = 20(\text{mH})$$

由 $P_0 = \dfrac{U^2}{R}$，得

$$R = \frac{U^2}{P_0} = \frac{10^2}{100} = 1(\Omega)$$

则

$$Q = \frac{\omega_0 L}{R} = \frac{1}{\omega_0 CR} = 50$$

6.6 并 联 谐 振

【基本概念】

对偶原理：在对偶电路中，某些元素之间的关系（或方程）可以通过对偶元素的互换而相互转换。对偶元素有电压与电流、电阻与电导、串联和并联、网孔电流和节点电压、电感和电容、戴维南定理和诺顿定理、KCL 和 KVL 等。

【引入】

电阻与电导、电感与电容、串联与并联、电压源与电流源等元素是对偶元素，电压源、电阻、电感、电容串联构成串联电路，并在某种条件下，串联电路发生串联谐振。那么，该串联电路的对偶电路由哪些元件及怎样连接构成？是否在某种条件下发生并联谐振呢？

6.6.1 GLC 并联电路谐振

1. 并联谐振的条件

讨论并联谐振的方法类似于串联谐振，也可以根据对偶的方法进行。设 GLC 并联电路如图 6 - 45 所示。

电路的导纳为

$$Y = \frac{\dot{I}_S}{\dot{U}} = G + \frac{1}{j\omega L} + j\omega C = G + j\left(-\frac{1}{\omega L} + \omega C\right)$$

$$= G + j(B_L + B_C) = G + jB$$

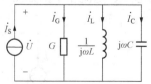

图 6 - 45 GLC 并联电路

根据谐振的定义，当 $\text{Im}[Y] = 0$，即

$$B = -\frac{1}{\omega L} + \omega C = 0$$

时，$Y_0 = G$，导纳角 $\varphi_Y = 0$，电流源电流 $\dot{I}_S$ 与端电压 $\dot{U}$ 同相位，电路发生并联谐振。此时的频率称为谐振频率，为

$$\omega_0 = \frac{1}{\sqrt{LC}} \left(\text{或 } f_0 = \frac{1}{2\pi\sqrt{LC}}\right)$$

同样，该频率也是并联电路的固有参数。

　2. 并联谐振的特点

　（1）电压特点：端口电压有效值达到最大，用 U_0 表示。并联谐振时，$B = 0$，$Y_0 = G$，导纳的模最小，$|Y_0| = G$，电压有效值最大，即

$$U_0 = \frac{I_S}{|Y_0|} = \frac{I_S}{G}$$

根据这一现象，可以判断电路是否发生了谐振。

　（2）固有参数 ω_0、ρ、Q。并联谐振时，各参数为

$$\omega_0 = \frac{1}{\sqrt{LC}}$$

$$\rho = \omega_0 L = \frac{1}{\omega_0 C}$$

$$Q = \frac{1}{\rho G} = \frac{\omega_0 C}{G} = \frac{1}{\omega_0 LG} = \frac{1}{G}\sqrt{\frac{C}{L}}$$

　（3）电流特点：LC 并联相当于开路，因此并联谐振又称电流谐振。并联谐振时各电流相量分别为

$$\dot{I}_{G0} = G\dot{U}_0 = G\frac{\dot{I}_S}{G} = \dot{I}_S$$

$$\dot{I}_{L0} = \frac{1}{j\omega_0 L}\dot{U}_0 = -j\frac{1}{\omega_0 LG}\dot{I}_S = -jQ\dot{I}_S$$

$$\dot{I}_{C0} = j\omega_0 C\dot{U}_0 = j\frac{\omega_0 C}{G}\dot{I}_S = jQ\dot{I}_S$$

因而有

$$\dot{I}_{B0} = \dot{I}_{L0} + \dot{I}_{C0} = 0$$

　谐振时激励电流全部流入电导，而电纳电流为 0，即 LC 并联部分相当于开路，等效电路如图 6 - 46（a）所示。但电感、电容的电流均不为 0，两者反相，而且模（有效值）相等，均为激励电流的 Q 倍。根据这一特点，并联谐振又称为电流谐振。GLC 并联谐振电路的电压、电流相量图如图 6 - 46（b）所示。

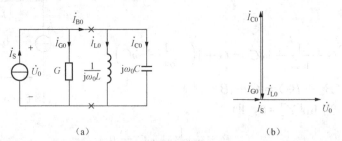

（a）   （b）

图 6 - 46　GLC 并联谐振时等效电路及电压、电流相量图（$Q > 1$）

若 $Q \gg 1$，并联谐振时电感或电容上会出现过电流。

（4）功率和能量特点：有功功率最大，无功功率为 0，储量是常量。

并联谐振时，电源发出的能量全部被电导吸收，且吸收的有功功率最大，即

$$P_0 = U_0 I_{\mathrm{S}} \cos\varphi = U_0 I_{\mathrm{G0}} = U_0^2 G = \frac{I_{\mathrm{S}}^2}{G}$$

谐振时 $B=0$，电源向电路输送无功功率为 0，即

$$Q_{\mathrm{L0}} = U_0 I_{\mathrm{L0}} \sin\varphi_{\mathrm{L}} = \frac{U_0^2}{\omega_0 L}$$

$$Q_{\mathrm{C0}} = U_0 I_{\mathrm{C0}} \sin\varphi_{\mathrm{C}} = -\omega_0 C U_0^2$$

$$Q_0 = Q_{\mathrm{L0}} + Q_{\mathrm{C0}} = 0$$

上式表明，电感吸收的无功功率等于电容发出的无功功率，两者完全补偿，即电感和电容之间进行能量交换，两者并联与电源间不发生能量交换。

电感与电容间电磁能彼此相互交换，两种能量的和为常数，即

$$W_0 = W_{\mathrm{L0}} + W_{\mathrm{C0}} = L Q^2 I_{\mathrm{S}}^2 = 常数$$

（5）频率特性：通频带。

谐振曲线可以参照对偶关系按串联谐振曲线获得，唯一的区别是纵轴表示的物理量不同。并联谐振电路通频带的带宽为

$$BW = \frac{\omega_0}{Q} = \frac{G}{C}(\mathrm{rad/s}) \quad 或 \quad BW = \frac{f_0}{Q} = \frac{G}{2\pi C}(\mathrm{Hz})$$

6.6.2　电感线圈与电容并联谐振

工程中常采用电感线圈与电容元件并联组成谐振电路，如图 6-47（a）所示，图中用 R 和 L 的串联组合表示电感线圈，R 是线圈的损耗电阻。一般电容的损耗很小，可以忽略不计。

电路导纳为

$$Y = \frac{1}{R + \mathrm{j}\omega L} + \mathrm{j}\omega C = \frac{R}{R^2 + (\omega L)^2} + \mathrm{j}\left(\omega C - \frac{\omega L}{R^2 + (\omega L)^2}\right) = G + \mathrm{j}B$$

谐振时，$\mathrm{Im}[Y]=0$，所以

$$\omega_0 C - \frac{\omega_0 L}{R^2 + (\omega_0 L)^2} = 0$$

解得

$$\omega_0 = \sqrt{\frac{1}{LC} - \left(\frac{R}{L}\right)^2}$$

可以看出，该并联电路的谐振频率完全由电路的 R、L、C 几个参数决定，而且只有当 $\frac{1}{LC} - \left(\frac{R}{L}\right)^2 > 0$，即 $R < \sqrt{\frac{L}{C}}$ 时，ω_0 才是实数，并联电路才可能发生谐振；当 $R > \sqrt{\frac{L}{C}}$ 时，电路不可能发生谐振。实际上，在通信和无线电技术中，线圈损耗电阻 R 一般非常小，在谐振频率附近总满足 $R \ll \omega L$，则电路的导纳变换为

$$Y = \frac{R}{R^2 + (\omega L)^2} + \mathrm{j}\left(\omega C - \frac{\omega L}{R^2 + (\omega L)^2}\right) \approx \frac{R}{(\omega L)^2} + \mathrm{j}\left(\omega C - \frac{1}{\omega L}\right) = G_{\mathrm{eq}} + \mathrm{j}B_{\mathrm{eq}}$$

谐振时，谐振频率为

$$\omega_0 \approx \sqrt{\frac{1}{LC}}$$

在谐振频率附近，即 $\omega \approx \omega_0$ 时，等效电导为

$$G_{eq} = \frac{R}{(\omega L)^2} \approx \frac{R}{(\omega_0 L)^2} = \frac{CR}{L}$$

由此得到图 6-47（a）所示电路的等效电路，如图 6-47（b）所示。而电路品质因数为

$$Q = \frac{\omega_0 C}{G_{eq}} = \frac{\omega_0 C}{\dfrac{CR}{L}} = \frac{\omega_0 L}{R}$$

或者

$$Q = \frac{1}{\omega_0 L G_{eq}} = \frac{1}{\omega_0 L \dfrac{CR}{L}} = \frac{1}{\omega_0 CR}$$

与 RLC 串联电路的品质因数相同。$Q = \omega_0 L / R$ 也是线圈的品质因数。

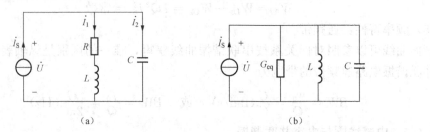

图 6-47　工程中实际并联谐振电路及其等效电路

电感线圈与电容并联谐振的特点如下：

（1）电路发生谐振时，输入阻抗很大，即

$$Z_0 = R_0 = \frac{R^2 + (\omega_0 L)^2}{R} \approx \frac{(\omega_0 L)^2}{R} = \frac{L}{RC}$$

（2）电源电流一定时，端电压很高，即

$$\dot{U} = \dot{I}_S Z_0, \quad U = I_S |Z_0|$$

（3）支路电流均是电源电流的 Q 倍。

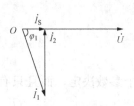

图 6-48　实际并联谐振
电路的相量图

发生并联谐振时电压、电流的相量图如图 6-48 所示。图中 φ_1 是电感线圈的阻抗角。有

$$I_2 = I_1 \sin\varphi_1 = I_S \tan\varphi_1$$

当 φ_1 很大时，谐振时有过电流出现在电感支路和电容中。设 $R \ll \omega L$，则线圈的品质因数 $Q = \omega_0 L / R$ 值很高，即并联谐振电路的 Q 值很高。

$$\dot{I}_2 = j\omega_0 C \dot{U} = j\omega_0 C \dot{I}_S Z_0 = j\omega_0 C \dot{I}_S \frac{L}{RC} = j\frac{\omega_0 L}{R} \dot{I}_S = jQ\dot{I}_S$$

$$I_2 = QI_S$$

$$\dot{I}_1 = \frac{\dot{U}}{R + j\omega_0 L} = \dot{I}_S - \dot{I}_2 = (1 - jQ)\dot{I}_S$$

$$I_1 = \sqrt{1+Q^2}\, I_S \approx Q I_S$$

可以近似认为

$$I_1 \approx I_2 = Q I_S \gg I_S$$

实际上谐振电路的形式很多，电路结构也较前面介绍的复杂。一般来说，当由多个电抗元件组成谐振电路时，驱动点阻抗虚部为 0，即 $\mathrm{Im}[Z]=0$ 时，电路发生串联谐振；驱动点导纳虚部为 0，即 $\mathrm{Im}[Y]=0$，或者阻抗虚部为 ∞，即 $\mathrm{Im}[Z]=\infty$ 时，电路发生并联谐振。相应的频率分别称为串联谐振频率和并联谐振频率。其中的特殊情况是当电路中全部电抗元件组成纯电抗电路，其谐振频率数目是电抗元件个数减 1。其中局部电路的阻抗为 0，该局部电路发生串联谐振；局部电路的导纳为 0，该局部电路发生并联谐振。

【例 6 - 17】　如图 6 - 49 所示电路，已知 $U_S=100\mathrm{V}$，$R_1=10.1\,\Omega$，$R_2=1000\,\Omega$，$C=10\,\mu\mathrm{F}$，电路发生谐振时 $\omega_0=10^3\,\mathrm{rad/s}$。求 L 和 $\dot{U}_{10}$。

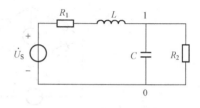

图 6 - 49　例 6 - 17 电路

解　电路发生串联谐振。

$$\frac{1}{\mathrm{j}\omega_0 C} = \frac{1}{\mathrm{j}10^3 \times 10 \times 10^{-6}} = -\mathrm{j}100\,\Omega$$

$$Z_{10} = \frac{R_2 \times \dfrac{1}{\mathrm{j}\omega_0 C}}{R_2 + \dfrac{1}{\mathrm{j}\omega_0 C}} = \frac{1000 \times (-\mathrm{j}100)}{1000 + (-\mathrm{j}100)} = (9.9 - \mathrm{j}99)\,\Omega$$

$$Z = R_1 + \mathrm{j}\omega_0 L + Z_{10} = 10.1 + \mathrm{j}10^3 L + 9.9 - \mathrm{j}99$$
$$= [20 + \mathrm{j}(10^3 L - 99)]\,\Omega$$

令 $\mathrm{Im}[Z]=0$，则

$$10^3 L - 99 = 0, \quad L = 99\mathrm{mH}$$

设参考相量 $\dot{U}_S = 100\angle 0°\mathrm{V}$，则

$$\dot{U}_{10} = \frac{Z_{10}}{Z}\dot{U}_S = \frac{9.9 - \mathrm{j}99}{20} \times 100\angle 0° \approx 497.5\angle -84.29°\mathrm{V}$$

【例 6 - 18】　如图 6 - 50 所示电路是一个纯电抗电路，求该电路的谐振频率。

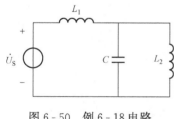

图 6 - 50　例 6 - 18 电路

解　局部电路 L_2 和 C 并联，有一个并联谐振频率；而 L_2 和 C 并联后与 L_1 是串联关系，即整个电路有一个串联谐振频率。

$$Z = \mathrm{j}\omega L_1 + \frac{\mathrm{j}\omega L_2 \times \dfrac{1}{\mathrm{j}\omega C}}{\mathrm{j}\omega L_2 + \dfrac{1}{\mathrm{j}\omega C}} = \mathrm{j}\frac{\omega^2 L_1 L_2 - \dfrac{L_1 + L_2}{C}}{\omega L_2 - \dfrac{1}{\omega C}}$$

令 $\mathrm{Im}[Z]=0$，则由 $\omega^2 L_1 L_2 - \dfrac{L_1 + L_2}{C_2} = 0$，得

$$\omega_{01} = \sqrt{\frac{L_1 + L_2}{L_1 L_2 C}}$$

令 $\mathrm{Im}[Z]=\infty$，则由 $\omega L_2 - \dfrac{1}{\omega C} = 0$，得

$$\omega_{02} = \sqrt{\frac{1}{L_2 C}}$$

其中，ω_{01} 是电路的串联谐振频率，ω_{02} 是电路的并联谐振频率。

6.7 实际应用举例

6.7.1 利用电桥测量电感或电容

在电子仪器与测量中，常常利用交流电桥电路（惠斯通电桥电路）测量电感或电容，如图 6-51 所示。

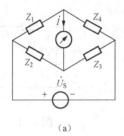
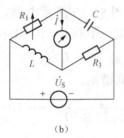

图 6-51　交流电桥电路

交流电桥电路如图 6-51（a）所示，电桥平衡条件与电阻电桥电路相似，所以当对角线支路电流 $\dot{I} = 0$ 时，电桥满足平衡条件为

$$Z_1 Z_3 = Z_2 Z_4$$

【例 6-19】　利用电桥平衡条件测量电感或电容的电路，如图 6-51（b）所示，R_3 已知，R_1 为可调电阻，并可知其阻值。

（1）若电容 C 值已知，求电感 L；

（2）若电感 L 值已知，求电容 C。

解　调节 R_1 的大小，使电流表（电流计）读数为 0，则依据

$$R_1 R_3 = Z_2 Z_4 = \text{j}\omega L \times \frac{1}{\text{j}\omega C}$$

可得电感 L、电容 C 的关系为

$$\frac{L}{C} = R_1 R_3$$

（1）若电容 C 值已知，则电感值为

$$L = R_1 R_3 C$$

（2）若电感 L 值已知，则电容值为

$$C = \frac{L}{R_1 R_3}$$

6.7.2 RC 选频网络

RC 正弦波振荡电路一般用于产生频率低于 1MHz 的正弦波，主要结构之一是 RC 选频网络，即 RC 串、并联网络，如图 6-52（a）所示。

其中，两阻抗和输出电压分别为

$$Z_1 = R + \frac{1}{\mathrm{j}\omega C}, \quad Z_2 = \frac{R \times \frac{1}{\mathrm{j}\omega C}}{R + \frac{1}{\mathrm{j}\omega C}}, \quad \dot{U}_2 = \frac{Z_2}{Z_1 + Z_2}\dot{U}_1$$

假定输入电压$\dot{U}_1$是正弦波信号电压，其频率可变，而幅值保持恒定。当频率足够低时，$\frac{1}{\omega C} \gg R$，此时，$Z_1 \approx \frac{1}{\mathrm{j}\omega C}$，$Z_2 \approx R$，选频网络可近似地用图6-52（b）所示低频等效电路等效。此时

$$\dot{U}_2 = \frac{R}{R + \frac{1}{\mathrm{j}\omega C}}\dot{U}_1, \quad U_2 = \frac{R}{\sqrt{R^2 + \left(\frac{1}{\omega C}\right)^2}}U_1, \quad \arg\left(\frac{\dot{U}_2}{\dot{U}_1}\right) = \arctan\frac{1}{\omega CR}$$

随着ω的下降，输出电压U_2将减小，因此该低频等效电路又称为RC高通电路。$\dot{U}_2$超前于$\dot{U}_1$的相位角$\arg\left(\frac{\dot{U}_2}{\dot{U}_1}\right)$将增大，但最大值小于$\pi/2$。

当频率足够高时，$\frac{1}{\omega C} \ll R$，此时，$Z_1 \approx R$，$Z_2 \approx \frac{1}{\mathrm{j}\omega C}$，选频网络可近似地用图6-52（c）所示高频等效电路等效。此时

$$\dot{U}_2 = \frac{\frac{1}{\mathrm{j}\omega C_2}}{R_1 + \frac{1}{\mathrm{j}\omega C_2}}\dot{U}_1, \quad U_2 = \frac{\frac{1}{\omega C_2}}{\sqrt{R_1^2 + \left(\frac{1}{\omega C_2}\right)^2}}U_1, \quad \arg\left(\frac{\dot{U}_2}{\dot{U}_1}\right) = -\frac{\pi}{2} + \arctan\frac{1}{\omega C_2 R_1}$$

这是一个相位滞后的RC电路，频率ω越高，输出电压U_2越小，因此该高频等效电路又称为RC低通电路。$\dot{U}_2$滞后于$\dot{U}_1$的相位角$\arg\left(\frac{\dot{U}_2}{\dot{U}_1}\right)$的绝对值愈大，其最大值也小于$\pi/2$。

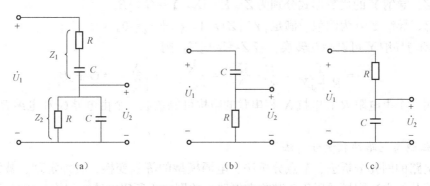

图6-52 RC选频网络

(a) RC串、并联网络；(b) 低频等效电路（高通）；(c) 高频等效电路（低通）

综上分析可以推出，在某一确定频率下，其输出电压U_2可能有某一最大值；同时，相位角$\arg\left(\frac{\dot{U}_2}{\dot{U}_1}\right)$从超前到滞后的过程中，在某一频率$\omega_0$下必有$\arg\left(\frac{\dot{U}_2}{\dot{U}_1}\right) = 0$，即输出电压与输入电压同相，称为相位平衡。

定量计算，有

$$\frac{\dot{U}_2}{\dot{U}_1} = \frac{Z_2}{Z_1 + Z_2} = \frac{\mathrm{j}\omega CR}{1 - (\omega CR)^2 + 3\mathrm{j}\omega CR} = \frac{1}{3 + \mathrm{j}\left(\omega CR - \dfrac{1}{\omega CR}\right)}$$

当上式分母中虚部为 0 时，RC 串并联网络的相角 $\arg\left(\dfrac{\dot{U}_2}{\dot{U}_1}\right) = 0$。满足这个条件的频率为

$$\omega_0 = \frac{1}{RC} \quad \text{或} \quad f_0 = \frac{1}{2\pi RC}$$

此时，输出电压 U_2 最大，$U_2 = U_1/3$。

$\omega_0 = \dfrac{1}{RC}$ 或 $f_0 = \dfrac{1}{2\pi RC}$ 即 RC 选频网络为 RC 正弦波振荡电路提供的振荡频率。改变 R 或者 C，就可以改变振荡频率。

小　结

1. 阻抗和导纳

对于无源一端口，当端口电压 $\dot{U}$、电流 $\dot{I}$ 为关联参考方向时，$Z = \dfrac{\dot{U}}{\dot{I}} = |Z| \angle \varphi_Z$ 称为阻抗，$Y = \dfrac{\dot{I}}{\dot{U}} = |Y| \angle \varphi_Y$ 称为导纳。当 $\varphi_Z > 0$ 时，电压 $\dot{U}$ 超前于电流 $\dot{I}$，电路呈现感性；当 $\varphi_Z < 0$ 时，电压 $\dot{U}$ 滞后于电流 $\dot{I}$，电路呈现容性；当 $\varphi_Z = 0$ 时，电压 $\dot{U}$ 与电流 $\dot{I}$ 同相，电路呈现电阻性。

阻抗 Z、导纳 Y 的代数形式分别为 $Z = R + \mathrm{j}X$，$Y = G + \mathrm{j}B$。

阻抗 Z、导纳 Y 互为倒数，满足 $|Y||Z| = 1$，$\varphi_Y + \varphi_Z = 0$。

阻抗 Z 与导纳 Y 可以相互转换：若 $Z = R + \mathrm{j}X$，则

$$Y = \frac{1}{R + \mathrm{j}X} = \frac{R - \mathrm{j}X}{R^2 + X^2} = \frac{R}{|Z|^2} - \mathrm{j}\frac{X}{|Z|^2} = G + \mathrm{j}B$$

同时，表明一个由电阻 R 和电抗 X 相串联的阻抗可等效成一个由电导 G 和电纳 B 相并联的导纳。

2. 正弦稳态电路的相量分析法

电阻电路的网孔分析法、节点分析法、电源模型的等效变换、叠加定理、戴维南定理、诺顿定理等分析方法同样适用于正弦稳态电路，差别在于所得电路方程均为相量形式，需要进行复数运算。

3. 正弦稳态电路的功率

(1) 平均功率（有功功率）：$P = UI\cos\varphi$，单位为 W。

(2) 无功功率：$Q = UI\sin\varphi$，单位为 var。

(3) 视在功率：$S = UI$，单位为 V·A。

(4) 复功率：$\bar{S} = \dot{U}\dot{I}^* = P + \mathrm{j}Q$，单位为 V·A。

（5）功率因数：$\lambda = \cos\varphi = P/S$。

4. 最大功率传输

$Z_L = Z_{eq}^*$ 时为最佳匹配或共轭匹配，此时最大功率 $P_{Lmax} = \dfrac{U_{OC}^2}{4R_{eq}}$；$Z_L = R_L = |Z_{eq}|$ 时为模匹配，此时最大功率 $P_{Lmax} = \dfrac{U_{OC}^2}{2(R_{eq} + |Z_{eq}|)}$。

5. 谐振

含有 R、L、C 的无源一端口 N_0，出现端口电压、电流同相位的现象时，称电路发生了谐振。谐振时 $Z = \dfrac{\dot{U}}{\dot{I}} = R$，电路为纯阻性。

串联谐振的条件是 $\text{Im}[Z] = 0$。RLC 电路串联谐振的谐振角频率是 $\omega_0 = \dfrac{1}{\sqrt{LC}}$，谐振特点有五个方面。

并联谐振的条件是 $\text{Im}[Y] = 0$。GLC 并联谐振的谐振角频率是 $\omega_0 = \dfrac{1}{\sqrt{LC}}$。

 习　题

6-1　如图 6-53 所示，已知无源一端口 N_0 端口电压 $u(t) = 141.4\cos(\omega t + 30°)\text{V}$，(a) 图中 $i(t) = 15\sqrt{2}\cos(\omega t - 70°)\text{A}$，(b) 图中 $i(t) = 15\sqrt{2}\sin(\omega t + 70°)\text{A}$。求输入阻抗。

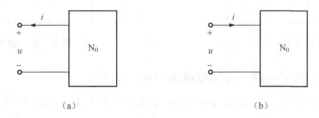

图 6-53　题 6-1 图

6-2　试求图 6-54 所示一端口的输入阻抗，以及该电路的串联等效电路（$\omega = 1000\text{rad/s}$）。

6-3　如图 6-55 所示两端网络，求其输入阻抗。

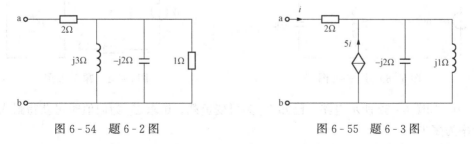

图 6-54　题 6-2 图　　　　　　　图 6-55　题 6-3 图

6-4　如图 6-56 所示电路，已知 $\dot{U}_C = 8\angle 0°\text{V}$。求 $\dot{I}_1$、$\dot{I}_2$、$\dot{I}$、$\dot{U}_S$ 和电压源发出的

有功功率。

6-5　如图 6-57 所示正弦稳态电路，已知所有独立源频率相同。试列出节点电压法方程。

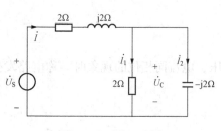

图 6-56　题 6-4 图

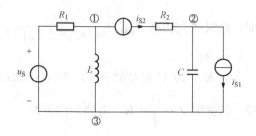

图 6-57　题 6-5 图

6-6　如图 6-58 所示电路，列写回路电流方程。

6-7　如图 6-59 所示，已知 $\dot{U}_S = 10\angle 0°\text{V}$，$\dot{I}_S = 2\angle 90°\text{A}$。应用叠加定理，求 $\dot{I}_2$。

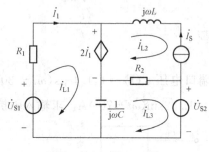

图 6-58　题 6-6 图

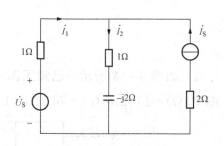

图 6-59　题 6-7 图

6-8　如图 6-60 所示电路，应用戴维南定理，求 $\dot{I}_2$。

6-9　如图 6-61 所示，已知 $u(t) = 20\cos(10^3 t + 75°)\text{V}$，$i(t) = \sqrt{2}\sin(10^3 t + 120°)\text{A}$，$N_0$ 中无独立源。求

（1）N_0 的输入阻抗 Z_{in}；

（2）N_0 吸收的有功功率和复功率。

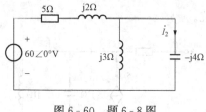

图 6-60　题 6-8 图

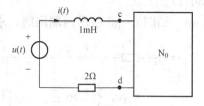

图 6-61　题 6-9 图

6-10　如图 6-62 所示电路，已知 Z_L 为可变负载。试求 Z_L 为何值时可获得最大功率？最大功率为多少？

6-11　RLC 串联谐振电路的谐振频率为 1000Hz，其通频带为 950~1050Hz，已知 $L = 200\text{mH}$。求 R、C 和 Q 值。

6-12 如图 6-63 所示电路，电路发生并联谐振，已知 $I_1=10\text{A}$，$I=8\text{A}$。求 I_2。

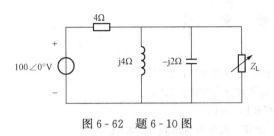

图 6-62 题 6-10 图

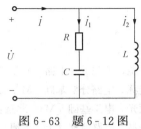

图 6-63 题 6-12 图

参 考 文 献

[1] 邱关源，罗先觉．电路 [M]．5 版．北京：高等教育出版社，2006.

[2] 李瀚荪．电路分析基础 [M]．3 版．北京：高等教育出版社，1993.

[3] 俞大光．电工基础 [M]．北京：高等教育出版社，1987.

[4] 周守昌．电路原理（上、下册）[M]．2 版．北京：高等教育出版社，2004.

[5] 吴锡龙．电路分析 [M]．北京：高等教育出版社，2004.

[6] Alexander C K, Sadku M N O. Fundamentals of Electric Circuits [M]. New York：McGraw-Hill, 1987.

[7] 梁贵书，董华英．电路理论基础 [M]．3 版．北京：中国电力出版社，2009.

[8] 周长源．电路理论基础 [M]．2 版．北京：高等教育出版社，1996.

[9] 田学东．电路基础 [M]．北京：电子工业出版社，2005.

[10] 沈元隆，刘陈．电路分析 [M]．北京：人民邮电出版社，2002.

[11] 吴大正．电路基础 [M]．西安：西安电子科技大学出版社，2004.

[12] 陈生潭．电路基础学习指导 [M]．西安：西安电子科技大学出版社，2001.

[13] 张宇飞，史学军，于舒娟．电路分析辅导与习题详解 [M]．北京：北京邮电大学出版社，2006.

[14] 吴建华，李华．电路原理 [M]．北京：机械工业出版社，2009.

[15] 徐福媛，等．电路原理学习指导与习题集 [M]．北京：清华大学出版社，2010.

[16] 陈晓平，殷春芳．电路原理试题库与题解 [M]．北京：机械工业出版社，2010.

[17] 陈洪亮，田社平，吴雪，等．电路分析基础 [M]．北京：清华大学出版社，2009.

[18] 燕庆明．电路分析教程 [M]．2 版．北京：高等教育出版社，2007.

[19] 卢元元，王晖．电路理论基础 [M]．西安：西安电子科技大学出版社，2004.

"十三五"普通高等教育本科系列教材（电类专业基础课系列）

- 电路（上册）（第二版）　　　　　　王培峰
- 电路（下册）（第二版）　　　　　　王培峰
- 电路实验教程（第二版）　　　　　　李翠英
- 电路（上册）学习指导书（第二版）　朱玉冉
- 电路（下册）学习指导书（第二版）　孟　尚
- 模拟电子技术基础（第二版）　　　　张凤凌
- 数字电子技术基础（第二版）　　　　高观望
- 电子技术实验与课程设计（第二版）　安兵菊
- 电路与电子技术基础（第二版）　　　马献果
- 电工与电子技术实验教程（第二版）　刘红伟
- 模拟电子技术学习指导书（第二版）　张会莉
- 数字电子技术学习指导书（第二版）　任文霞

中国电力出版社官方微信

中国电力教材服务官方微信

◀ 请关注中国电力教材服务官方
微信，获取更多教材资源

中国电力出版社教材中心
教材网址　http://jc.cepp.sgcc.com.cn
服务热线　010-63412548　63412523

ISBN 978-7-5198-1650-6

9 787519 816506 >

定价：38.00 元

学看 *XUEKAN*
建筑工程施工图丛书

JIANZHU GONGCHENG SHIGONGTU CONGSHU

建筑电气施工图

（第二版）

主编 ｜ 乐嘉龙　　参编 ｜ 黄峰 王有根

中国电力出版社

CHINA ELECTRIC POWER PRESS